GROSS-HAMBURGISCHE STREITFRAGEN

HERAUSGEGEBEN VON

FRED. S. BAUMANN

HEFT 1

Das Reichsinteresse an der Erweiterung des Hamburgischen Staatsgebietes

von

Fred. S. Baumann

—

Hamburg-Ost

von

Architekt B. D. A. Hermann Distel
Bergedorf

Mit 4 Kartenskizzen.

—

Zur Frage der Verwaltung Groß-Hamburgs

Skizze von

Bürgermeister Dr. Dr. Walli
Bergedorf

L. FRIEDERICHSEN & CO., HAMBURG
1919

Vorwort.

Die Schicksalsfrage der Erweiterung des hamburgischen Staatsgebietes hat in vielen Kreisen in und außerhalb von Hamburg das Verlangen nach einer Darstellung der damit im Zusammenhang stehenden Probleme hervorgerufen. Diesem Bedürfnis sollen die „Groß-Hamburgischen Streitfragen" entgegenkommen. Sie werden in zwangloser Folge nach Bedarf erscheinen. Insbesondere soll das Gebiet der Kommunalpolitik, wie es aus der Gestaltung Hamburgs als Stadtstaat sich von selbst ergibt, eine eingehende Berücksichtigung finden. Es liegt am Orte hierfür auch deswegen eine besondere Notwendigkeit vor, da dieses Gebiet bei dem vorwiegend nach Uebersee gerichtetem Blick und der günstigen Finanzlage, die eine reichliche Ausstattung der Verwaltungszweige ermöglichte, bisher nicht die gebührende Beachtung gefunden hat. Die heutige Zeit, die auf allen Gebieten zur Erstrebung des größten Nutzeffektes bei dem geringsten Kraftaufwand mahnt, wird diese Tendenz auch auf dem Gebiet der kommunalen Einrichtungen in Groß-Hamburg in stärkstem Maße zur Geltung bringen. Die Erscheinung in der Industrie, daß Zeiten der niedergehenden Konjunktur für den technischen und organisatorischen Fortschritt am fruchtbarsten sind, wird sich jetzt bei der notwendig werdenden Sparsamkeit auch für das Gebiet der kommunalen Verwaltung bewahrheiten.

Die einzelnen Aufsätze erscheinen unter der Verantwortlichkeit ihrer Verfasser. Der Herausgeber macht sich nicht in allen Einzelheiten die dort vertretenen Auffassungen zu eigen und identifiziert sich auch nicht in allen Fällen mit der an bestehenden Verhältnissen geübten Kritik, auch wenn seine abweichende Meinung nicht besonders hervorgehoben ist. In der heutigen Zeit ist aber jede sachliche Kritik willkommen zu heißen.

Im vorliegenden Heft erschien es geboten, einleitend das große Interesse des Reiches an der Neugestaltung der hamburgischen Staatsgrenzen hervorzuheben. Ist doch dieser Gesichtspunkt die Grundlage des Groß-Hamburg Problems. Zum siedlungs- und verkehrstechnischen Verständnis der Frage, dienen die Ausführungen von Architekt Distel über „Hamburg-Ost“. An einem konkreten Ausschnitt des Gebiets werden die bestehenden Schwierigkeiten dargelegt und Wege zu ihrer Beseitigung gewiesen werden. Von besonderem Interesse für die betroffenen preußischen Gemeinden werden die Ausführungen von Bürgermeister Dr. Walli über die künftige Verwaltung von Groß-Hamburg sein. Auf Grund vieler im In- und Ausland gemachten Erfahrungen, wird ein zweckmäßiger Interessenausgleich des Stadt- und Landgebietes zur Erörterung gestellt.

Der Herausgeber.

Inhalt.

Das Reichsinteresse an der Erweiterung des hamburgischen Staatsgebietes.

Von

Fred. S. Baumann.

Die Schaffung eines Groß-Hamburgs wird von vielen Seiten als eine ausschließlich hamburgische Frage behandelt. Es ist daher der nahe liegende Vorwurf erhoben worden, daß Hamburg eine rein egoistische Partikularpolitik treibe. Nicht eindringlich genug muß daher immer wieder hervorgehoben werden, daß die Frage in erster Linie das Reich, das gesamte deutsche Volk angeht.

Denn bis in alle Einzelheiten hinein deckt sich das hamburgische Interesse an einer Gebietserweiterung mit den Reichsinteressen. Zunächst steht nichts Geringeres auf dem Spiel, als die Konkurrenzfähigkeit Hamburgs mit seinen übrigen Mitbewerbern auf dem Welthandelsmarkt. Wird Hamburg von Antwerpen, Rotterdam oder Kopenhagen dauernd zurückgedrängt und verliert es seine Anziehungskraft für den Warenverkehr des Welthandels, so werden die wirtschaftlichen Rückwirkungen dieser Tatsache auch im Binnenland schmerzlichst empfunden werden. Gelingt es auf der anderen Seite, Hamburg im gegenwärtigen Augenblick auf eine breitere Basis zu stellen, so wird der kreditstärkende Eindruck dieser Tatsache in günstigeren Bedingungen für Rohstoff- und Lebensmitteleinfuhr und in der Behebung der Arbeitslosigkeit weit über Hamburgs Grenzen hinaus zum Ausdruck kommen. In Hamburg spiegelt sich namentlich für das Ausland die allgemeine Entwicklung in Deutschland. Wird als Grundlage des Neuaufbaus bei Hamburg eine zweckentsprechende, großzügige organisatorische Neueinteilung des Gebietes vorgenommen, so wird dies im Ausland als ein allgemein günstiges Zeichen für den Unternehmungs- und Schaffensgeist im neuen Deutschland angesehen.

Nach den ersten etwas phantastischen Plänen, die nach der Umwälzung zur Erörterung kamen, hatten sich nunmehr aus der

Erkenntnis der Lebensbedingungen und der funktionellen Eigenart Hamburgs im Reich heraus die Wünsche der Gebietserweiterung auf ein Maß zurückgezogen, das den Stadtstaatcharakter Hamburgs unberührt läßt. In weiser Beschränkung werden alle Pläne, die sich mit einem Territorialstaat befassen, von der Hand gewiesen.

Hervorzuheben ist der Gegensatz dieser auf rein technisch-wirtschaftlichen Erwägungen der Arbeits- und Materialersparnis in weitestem Sinne, gegründeten Bestrebungen zu anderen, in Preußen sich regenden Loslösungstendenzen. Der welfische und rheinische Separatismus geht von parteipolitischen und völkischen Gesichtspunkten aus und kann in keiner Weise sich an Ueberzeugungskraft mit dem groß-hamburgischen Gedanken messen.

Der rein technisch-ökonomische Charakter der Forderungen Hamburgs, die im Gesamtwirtschaftshaushalt des Reiches eine Kräfteersparnis zur Folge haben, tritt insbesondere bei einer Eingemeindung von Altona und Wandsbek in Erscheinung. Sie sind mit dem Hamburger Stadtweichbild, das sie umklammert, derartig verwachsen, daß man sich wundert, wie die Aufrechterhaltung der bisherigen Verwaltungstrennung möglich war. Ihre Vereinigung mit Hamburg ist einfach Forderung rationeller Kommunalpolitik. Sie bedarf keiner weiteren Begründung für den mit kommunaler Angelegenheit vertrauten Politiker. In richtiger Erkenntnis der Sachlage hat Altona schon von sich aus den Antrag an die preußische Landesversammlung gerichtet, in Hamburg eingemeindet zu werden.

Nicht allein die Einbeziehung von Altona und Wandsbek, sondern auch die Angliederung des weiter geforderten Gebietes rechtfertigt sich aus ganz zwingenden, sachlichen, einer parteipolitischen Färbung völlig entbehrenden Gründen. Zunächst gilt es, ein ausgedehnteres Wohngebiet für die Bevölkerung zu schaffen.

Auch in Zukunft wird mit einem Wachstum der städtischen Bevölkerung in Hamburg zu rechnen sein. Wenn auch die Zuwanderung nicht so erheblich sein wird, wie vorher, wird allein die natürliche Vermehrung eine in nächster Zeit allerdings langsame Zunahme sicherstellen. Bei der wirtschafts-geographischen Vorzugslage von Hamburg, die ihm einen weiten Vorsprung vor vielen anderen Städten Deutschlands für Ansiedlungen des Handelsgewerbes und der industriellen Produktion gibt, wird die Abwanderung von anderen Teilen Deutschlands bestritten werden. Aber nicht allein für einen Bevölkerungszuwachs, sondern auch für eine neue Art der Unterbringung der Bevölkerung in gelockerter Siedlungsweise und für eine aus der industriellen Entwicklung notwendig werdende neue örtliche Verteilung der Bevölkerung gilt es, Platz zu schaffen.

Die Ausdehnung der Werftindustrie in Finkenwärder, die berufen ist, den deutschen Schiffsraum wieder herzustellen, erfordert eine Arbeitersiedlung auf dem südlichen Elbufer; denn die Anlage einer Freihafenbahn würde zur Heranschaffung der in den Vororten Hamburgs wohnenden Arbeiter einen ungeheuren Aufwand an Kosten für den Staat, einen Aufwand an nutzlos vergeudeter Zeit für den Arbeiter und für den Unternehmer die Belastung mit den auf den Lohn geschlagenen hohen Fahrtkosten bedeuten. Alles würde zu einer Verteurung des Schiffsbaues beitragen, der in den Frachten später auf den binnenländischen Konsumenten abgewälzt werden würde, wenn überhaupt die Verteuerung nicht es vorteilhafter erscheinen ließe, die Schiffe im Ausland zu kaufen. Der gegebene Platz für die Ansiedlung ist der Geestrand bei Neugraben und überhaupt das Geestgebiet landeinwärts von Harburg, da sich dort erst ein gesundes Wohngelände findet. Bei einer Arbeiterschaft von 20 000 Mann auf den neuen Werften müßte Unterkunft für etwa 80—100 000 Menschen geschaffen werden.

Ein weiterer Punkt, an dem die Notwendigkeit besteht, eine Industriearbeitersiedlung auf preußischem Gebiet zu planen, ist in dem Gebiet nördlich des Industriegeländes Billbrook. Auch hier ist das in nächster Nähe gelegene Gelände wegen seines marschigen Charakters oder wo es aufgehöht ist, wegen Sondereignung als Industriegelände für eine Arbeitersiedlung nicht verfügbar. Das gegebene Siedlungsgelände findet sich auf der gesunden Geest, die sich nördlich des Marschgebietes bis an die Lübecker Bahn ausdehnt.

Würde es sich um nur diese beiden Fragen handeln, könnte Preußen einwenden, daß Hamburg sich nördlich der Elbe mit einem viel geringeren Gebiet als gefordert begnügen könnte. Es kommt aber hinzu ein Problem grundlegender allgemeiner Art.

Die letzte Epoche der geschichtlichen Entwicklung war durch ein außerordentlich starkes Wachstum der Städte gekennzeichnet. Der Zug nach der Stadt führte in kaum zwei Menschenaltern zu einer völligen Umschichtung der beruflichen Gliederung der Bevölkerung. Die Urproduktion von Nahrungsmitteln trat zurück, die gewerbliche Erzeugung, in der der Arbeiter eine freiere Stellung hat, schob sich breitspurig in den Vordergrund.

Es mehren sich jetzt jedoch die Anzeichen, daß diese Bewegung an einem Wendepunkt der Entwicklung angelangt ist. Vielleicht darf man in erster Linie die namentlich im Kriege außerordentlich stark angewachsene Schrebergärten- und die ihnen verwandte Gartenstadtbewegung als solche Momente deuten. Die mit Licht, Luft und Sonne vielfach kärglich bedachten Bewohner großstädtischer Mietshäuser empfinden wieder das Bedürfnis, in freier Natur ein Stück Boden zu bearbeiten. Aus ethischen und volkshygienischen Gründen ist diese Bewegung mit allen Mitteln zu unterstützen. Auch aus Gründen der allgemeinen Produktionspolitik ist diese Bewegung zu fördern, bietet sie doch bis zu einem gewissen Grade die Möglichkeit, die der Urproduktion entfremdete Bevölkerung dieser wieder zu verbinden. Wenn auch die produzierte Nahrungsmittelmenge in einem Gartenstadtgürtel nicht erheblich ins Gewicht fallen wird, so besteht doch die Möglichkeit, daß von den Kindern dieser Gartenstadtbewohner ein Teil sich wieder landwirtschaftlichen Berufen zuwenden wird, insbesondere, wenn für die entsprechende Ausbildungsmöglichkeit gesorgt wird. Die Planung eines für eine feste Spanne Zeit der Bebauung entzogenen Schrebergärtengürtels, die Zusammenfassung der weiteren Dezentralisation in Nebenzentren, die durch non stop Züge mit dem Stadtkern verbunden sind, sind Aufgaben, die nur innerhalb eines einheitlichen Wirtschafts- und Verwaltungsgebietes möglich sind.

Der Umfang des erforderlichen Gebietes für diese große, gebieterisch einer Lösung harrende Aufgabe, ergibt sich aus Gesichtspunkten des Verkehrs und der natürlichen geographischen Gestaltung des Geländes. Als Nebenzentrum kommt im Osten Bergedorf und im Süden Harburg in Betracht. Daneben sind im Westen Pinneberg und im Norden Volksdorf-Ahrensburg die Krystallisationspunkte weiterer Nebenzentren, die vielleicht einen besonderen Charakter durch Ansiedlung bestimmter Industriegruppen oder als geistige Kulturzentren gewinnen können. Nach Verkehrsgesichtspunkten wird die äußerste Grenze mit der Grenze des Schnellbahnverkehrs, also mit der 25—30 km Zone vom Stadtzentrum gerechnet, zusammenfallen. Die Führung der Grenze im einzelnen in diesem durch Verkehrsrücksichten gebotenen Gürtelstreifen bestimmt sich nach geographischen Gesichtspunkten. So ergibt sich für das Gebiet Norden und Nordosten als hydrographisch zusammenhängendes Ganze das Entwässerungsgebiet der Bille und Alster. Die einheitliche Verwaltung dieses Gebietes ist aus Gesichtspunkten der Wasserversorgung und Besielung erwünscht. Schon heute bezieht Wandsbek aus dem Großen See sein Trinkwasser. Für die Wasserversorgung in Hamburg wird im Hinblick auf die zunehmende Versalzung der Elbe durch Kaliabwässer vielleicht in Zukunft die Bille eine erhebliche Bedeutung gewinnen.

Sind schon die siedlungspolitischen Gründe auch vom Interesse der deutschen Volksgesamtheit gesehen zwingender Natur, so dies in noch stärkerem Maße von den schiffahrtspolitischen und allgemein wirtschaftlichen Gründen, die für die Ausdehnung der Grenzen nach Süden und Westen sprechen. Daß für die Ansiedlung der Werftarbeiterschaft auf das Südufer der Elbe übergegriffen werden muß, ist schon erwähnt. In der Hauptsache aber handelt es sich um die Unterstellung des ganzen Gebietes der Stromspaltung von Norder- und Süderelbe einschließlich der Randgebiete unter eine einheitliche Verwaltung, um eine organische Funktionsteilung des Hafenverkehrs zu ermöglichen.

Die Stromspaltung bei Bunthaus ist schon seit altersher ein Streitpunkt zwischen Hamburg und Preußen gewesen. Der Kampf geht um die Verteilung der elbabwärtskommenden Wassermenge auf die beiden Stromarme. Von dieser Verteilung hängt die Bedeutung Hamburgs und Harburgs als Schiffahrtsplätze ab. Wie sehr dieser Gegensatz zu einer Entwicklungshemmung beigetragen hat, ist an anderer Stelle dargestellt worden.[1] Im Köhlbrandvertrage von 1909 sind die Gegensätze in der Weise ausgeglichen, daß die Verteilung der Wassermenge künftig nach dem Verhältnis von 1:1 erfolgt. Es bleiben jedoch noch viele Fragen übrig, die zweckmäßig nur bei der einheitlichen Verwaltung des Stromgebietes zu lösen sind.

Die organische Funktionsteilung ist eine Forderung, die sich aus der Vielseitigkeit des Hamburger Hafenverkehrs ergibt. Denn im Hamburger Hafen vereinigen sich ein starker Linienverkehr für Stückgut- und Passagierbeförderung, der gut ausgebildete Kaihäfen verlangt mit einem großen Massengüterverkehr, der auf den Umschlag in Binnenschiffe eingestellt ist und für Löschen und Laden Flächenhäfen erfordert. Die Eigenschaften von Antwerpen, das fast ein reiner Kaihafen ist, und Rotterdam, das als typischer Flächenhafen ausgebildet ist, vereinigen sich in Hamburg. Hinzu tritt dann noch ein außerordentlich starker Binnenschiffsverkehr, für den Häfen mit Seeschifftiefe zum größten Teil nicht erforderlich sind. Sonderbedürfnisse für die Ausgestaltung der Häfen hat in Hamburg ferner noch die Fischerei und der Ewerverkehr. Dieser spielt eine Rolle in der Versorgung der Stadt mit Ziegel, Zement, Fourage und Obst. Diesem vielseitigen Verkehr kann bei der jetzigen Gestaltung der Staatsgrenzen nicht die im einzelnen erforderliche Spezialausbildung zuteil werden. Nur bei der Zusammenfassung des ganzen Stromspaltungsgebietes unter einer einheitlichen Verwaltung kann eine allen Sonderbedürfnissen des

[1] Fred. S. Baumann, Groß-Hamburg. L. Friederichsen & Co., Hamburg 1919.

Verkehrs Rechnung tragende organische Funktionsteilung der Hafenanlagen stattfinden.

Die Folgen einer derartigen Spezialisierung wär eine Verbilligung des Betriebes, insbesondere eine für den Wettbewerb außerordentlich wichtige Beschleunigung der Abfertigung der Schiffe. Die verstärkte Anziehungskraft auf die Warenbewegung des Weltverkehrs, die Hamburg im Falle einer Neugestaltung seiner Grenze ausübte, würde in einer erhöhten Beschäftigungsmöglichkeit der binnendeutschen Arbeiterschaft ihren Ausdruck finden. Das Reich hat daher das größte Interesse an der Förderung der groß-hamburgischen Pläne.

Ein starkes Hemmnis der einheitlichen Gestaltung des Hafengebietes ist bisher der Interessengegensatz mit Harburg gewesen. Harburg, das bisher einen starken Rückhalt an Preußen gefunden hat, fürchtet bei einer Aufnahme in den groß-hamburgischen Staat zu Gunsten der Norderelbischen Häfen vernachlässigt zu werden. Verstärkt werden diese Befürchtungen durch welfisch-partikularistische Strömungen.

Es muß zugegeben werden, daß die Harburger Frage im Rahmen des Problem Groß-Hamburg einer Sonderbehandlung bedarf. Harburg ist im Gegensatz zu Altona und Wandsbek durch seine natürliche Lage an der Süderelbe ausgezeichnet. Im Kampf mit Hamburg wird Harburg jedoch sich schwerlich entwickeln können, trotz aller Unterstützung von Preußen. Gegen den Weltruf von Hamburg, gegen das Schwergewicht des Eigenhandels und der bestehenden großen Hafenanlagen wird Harburg nicht aufkommen können.

Im Verein mit Hamburg dagegen, als Teil des Hamburger Staatsgebietes, wird Harburg als Nebenzentrum mit seinen natürlichen Vorzügen eine große Entwicklung beschieden sein, die ihm Hamburg als Mutterstadt dann neidlos gönnen wird. Alsdann werden für viele Unternehmungen, die sich schon heute nach Harburg gewandt hatten, die Schranken gefallen sein, die sie von der Ansiedlung dort abhielten. Der Sitz einer Firma in Hamburg hat im Auslandsverkehr eine sehr reale Bedeutung. Die Kreditbeschaffung ist erleichtert. Im Seefrachtgeschäft sind Charter (Schiffsmieten) nach Hamburg leichter und zu besseren Bedingungen zu beschaffen, als nach Harburg, dessen Hafenverhältnisse und Rückfrachtmöglichkeiten viel weniger bekannt sind.

Um diese im Reichsinteresse liegende Idee zu verwirklichen, muß Hamburg sich bereitfinden, Harburg Zugeständnisse zu machen. Harburg muß die Sicherheit haben, daß Hamburg auf seine Absicht, den Köhlbrand zu überbrücken, verzichtet. Die Wasserverteilung auf Norder- und Süderelbe muß dauernd nach dem

Verhältnis 1:1 festgelegt werden. Es wäre zu erwägen, ob nicht diese Bestimmungen in der künftigen Verfassung von Groß-Hamburg zu verankern wären. Weiterhin wäre bei der Aufnahme Harburgs über ein Ausbauprogramm der Harburger Häfen ein Abkommen zu treffen. Bei der Knappheit an Industriegelände, an tiefem Wasser im Hamburger Hafen wäre dies eine Maßnahme, die im Interesse Hamburgs läge. In diesem Abkommen würden Bestimmungen über die organische Funktionsteilung des Hafens aufzunehmen sein. Der ihm zukommende Verkehr würde Harburg nicht wie in der Broschüre von Engels[1] steht „zugewiesen" werden, sondern der Vereinbarung mit Harburg unterliegen. Richtschnur würde hierbei nicht das Sonderinteresse Hamburgs sein, sondern die, vom Reich aus gesehen, zweckmäßigste Lösung der Hafenfrage. Die Entwicklungshemmung, die für Harburg die Hamburger Enklave Moorburg bildet, würde fortfallen. Harburg würde nicht genötigt sein, die Hohe Schaar auf dem anderen Ufer der Süderelbe für seine Entwicklung heranzuziehen, sondern könnte seine Häfen im Anschluß an die Arbeiterquartiere der Geest entwickeln. Auf der anderen Seite würde die Ausdehnung des Hamburger Hafens auf die Hohe Schaar Hamburg den Verzicht auf eine Köhlbrandüberbrückung verschmerzen lassen. Der Anschluß an Hamburg würde eine wesentliche Verkehrsverbesserung für Harburg auf der Strecke Harburg-Hamburg und auf der Niederelbebahn nach Cuxhaven bringen. Neben dem Gelände der Stadt würde ein auskömmliches Erweiterungsgebiet als Brückenkopf vorgesehen sein.

Zum Schluß ist noch einer Lebensfrage Hamburgs zu gedenken: der Tiefhaltung der Niederelbe. Wenn diese nicht den Erfordernissen des Weltverkehrs genügt, wird Hamburg als Welthandelsstadt verkümmern. Der im Reichsinteresse liegenden Aufgabe, das Elbfahrwasser ständig zu verbessern, hat Hamburg sich bisher mit eigenen Mitteln unterzogen. So hat es hierfür in den letzten Jahren vor dem Krieg 150 Mill. Mark aufgewandt.

Die Durchführung dieser Aufgabe wurde durch die Widerstände der an der Elbe anliegenden preußischen Regierungsbezirke äußerst erschwert. Fast alle Maßnahmen erlitten eine unwirtschaftliche Verzögerung. Um in Zukunft die Gestaltung des Elbfahrwassers allen Anforderungen des Verkehrs entsprechend wirtschaftlich durchzuführen, beansprucht Hamburg die Territorialhoheit über die Niederelbe und ihre Sande, für deren Befeuerung und Betonnung es seit altersher Sorge getragen hat. Die Einwirkung auf die Ufer muß durch ein

[1] Hubert Engels, Der deutsche Seehafen Hamburg und seine Zukunft. Leipzig 1918.

Hoheitsrecht über das Gelände zwischen den Winterdeichen der Elbe, in dem in erster Linie Wirkungen bei einer Regulierung des Strombetts auftreten, sichergestellt werden.

Die Erweiterung des hamburgischen Staatsgebietes wird von Preußen unter Anführung historischer und fiskalischer Gründe bekämpft. Auch wird die Abneigung des Landbewohners gegen städtisches Wesen in den für eine Angliederung in Frage kommenden Gebieten genährt. Aber bei den überragenden Interessen des Reiches, der zweitgrößten deutschen Stadt, des Reichshandelshafens, die hier auf dem Spiel stehen, müssen diese nicht mehr zeitgemäßen engherzigen Erwägungen zurücktreten. Die eingewurzelten Anschauung des Staatsgebietes als eines unveräußerlichen dynastischen Fideikommisses muß einer auch Zweckmäßigkeitserwägungen zugänglichen Betrachtungsweise Platz machen. Bei der großen Vermögensverschiebung zu Gunsten des platten Landes ist es in der jetzigen Lage, wo Hamburg fast am stärksten von allen deutschen Städten gelitten hat, nicht angebracht, fiskalische Gründe Hamburg gegenüber geltend zu machen. Die Zeiten, wo auf den Reichtum Hamburgs hingewiesen werden konnte, sind vorläufig dahin. Kompensationen können Preußen von hamburgischer Seite nicht geboten werden. Es gilt, eine große innerpolitische Tat.

Schneller Entschluß ist geboten. Die Inangriffnahme großer Arbeiten insbesondere für Verkehrsprojekte hängt von ihm ab. Tausenden von Arbeitslosen könnte hierdurch Beschäftigung gewährt werden und Millionen Mark unproduktiver Ausgaben für Erwerbslosenfürsorge dem Volksvermögen erspart werden.

Hamburg-Ost.

Von

Architekt B. D. A. Hermann Distel, Bergedorf.

So oft auch das Projekt Groß-Hamburg bearbeitet wird, stets ergibt sich die zwingende Notwendigkeit, neben anderen auch östliche Grenzgebiete an den Reichshandelsplatz anzugliedern. Und wahrhaftig, es ist dies nicht nur eine Laune oder ein Bedürfnis der Großstadt, sondern ebenso sehr von Wert für alle die preußischen Nachbargemeinden, welche durch die wirtschaftliche Anziehungskraft Hamburgs bedrückt werden, ohne daß sie Einfluß auf die schädigenden Nebenwirkungen einer unabänderlichen Entwicklung ausüben können.

So mußte die Besiedlung von Schiffbek notleiden; es kommt die im Osten so wichtige Frage der Marschaufhöhung und der Geestentwässerung nicht vom Fleck, und es leidet der Verkehr nach Bergedorf und den preußischen Vororten an der Berliner Bahn schwerste Not.

An diesen Verhältnissen ist in erster Linie der hamburgisch-preußische Gegensatz schuld. Es ist daher jetzt an der Zeit, daß mit einer politischen und wirtschaftlichen Merkwürdigkeit gebrochen wird, die zurückgebliebenere Länder schon längst nicht mehr dulden würden. Dazu aber bedarf es der Mitwirkung der gesamten Bevölkerung. Im Begriffe, sich neu einzurichten, werden die Dörfer und Städte im Osten von Hamburg einen klaren Plan verlangen, sie werden bestimmte Forderungen zu stellen haben, von deren Erfüllung es abhängt, ob wenigstens im kleinen Maßstabe der alte Traum einer besten, weil einfachsten, Staatsform in Erfüllung gehen kann, oder ob es besser ist, Grenzen und Verhältnisse zu lassen wie sie sind.

So wenig dabei der Neuaufbau eine Sache von Verwaltungsbeamten und Juristen sein kann, so wenig darf er allein Ingenieuren und Architekten überlassen werden. Die Kunst, dem lebenden Volkskörper die besten Daseinsbedingungen zu schaffen, wächst über jede Fachkenntnis weit hinaus.

Indes, es ist nötig, die Fehler des jetzigen Zustandes zu erkennen, um für Groß-Hamburg etwas besseres zu bekommen. Wie überall, so mußte ja auch an der Alster die neuzeitliche Siedlungspolitik erst erlernt werden. Zwar war nach dem Brande vom Jahre 1842 eine große Form des Städtebaues gefunden worden. Aber sie verflachte allmählich zu einem öden Nützlichkeitssystem, das viel zu sehr von Fall zu Fall seine Entscheidungen traf.

Auch schneller und vorurteilsloser wie bisher müssen Wirtschaftsfragen gelöst werden: Allzusehr war der Blick nach Westen gerichtet und vieles wurde verdorben durch die mangelnde Entschlußfähigkeit Hamburgs in Sachen, die nicht gerade den Handel und die Schiffahrt betraf.

Man wird ohne weiteres zugeben müssen, daß zur Durchführung eines leitenden Gedankens Zeit gehört. Indes, es hat sich in der ganzen östlichen Siedlungspolitik gezeigt, daß Hamburg mit viel zu langen Spannen rechnet. Man bedachte nicht, daß — wie ganz allgemein im menschlichen Leben — auch in der Wirtschaftspolitik Ziel und Weg von Jahr zu Jahr sich ändern. Jahrelang wurde es der Stadt Bergedorf auf Grund eines Schnellbahnentwurfes der Baudeputation zu Hamburg unmöglich gemacht einen Bebauungsplan aufzustellen. Die ganze Bautätigkeit war lahmgelegt und zur Zeit herrscht deshalb in dem Städtchen ein Wohnungsmangel der erschreckend ist. Neue Ansichten und eine neue Auffassung der Sachlage führten jetzt zu einem ganz anderen Bahnentwurfe und sicher würde die nächste Generation wieder neue Ideen darüber haben. Den Schaden allzulanger Projektierungen hat also Bergedorf, wo sich jetzt folgerichtig in der Wohnungsnot das Ergebnis der begangenen Fehler zeigt. Mit dürren Worten gesagt, treibt man mit der jetzigen Politik die Bewohner der Außengebiete nach dem Stadtinnern zurück, statt umgekehrt.

Nun mag ja die heutige Kritik an der rein hamburgischen Politik allerhand auszusetzen haben, immerhin erscheinen die Fehler noch klein im Verhältnis zu denen, welche sich aus der Nebenbuhlerschaft zwischen Hamburg und Preußen entwickelten. Man muß schon weit in der Geschichte der Kleinstaaterei zurückblicken, um es verstehen zu können, daß hamburgische und preußische Gemeinden eine — es gibt keine andere Bezeichnung dafür — unmoralische Steuerpolitik trieben, um sich gegenseitig gute Steuerzahler abzujagen, ja, daß ihre wirtschaftlichen verkehrstechnischen Maßnahmen überwiegend eben auf dieser Steuerpolitik aufgebaut wurden. Um technische Einzelheiten, die sich in einem einheitlichen politischen Gebilde spielend lösen lassen, wurde von den beiderseitigen Behörden oft der reine Kuhhandel getrieben. Was dabei herauskommt, zeigt neben anderem der obere Lauf der Altbille zwischen Bergedorf und Billbrook, der heute noch ein Pestgraben ist, weil mit Sande kein Abkommen über den Anschluß der Abwässer an die hamburgischen Siele getroffen werden kann.

Und die gleichen Verhältnisse haben es mit sich gebracht, daß die Randbebauung Hamburgs in der Schiffbeker Gegend so schlecht ist, daß eine baldige Sanierung not tut.

Aus dem Gegensatz heraus ist es auch nur zu erklären, warum der östliche Vorortsverkehr von der preußischen Staatsbahn so vernachlässigt wird, daß man in jeder anderen deutschen Großstadt, wie auch in den übrigen hamburgischen Vororten besser und billiger fährt. Man brauchte vor dem Kriege 20 bis 22 Minuten, jetzt aber schon 37 Minuten, um von Bergedorf nach Hamburg-Hauptbahnhof zu kommen. Und neuerdings zeigt sich sogar das Bestreben wegen der Möglichkeit einer Hochbahnverlängerung den Vorortverkehr auf der Berliner Strecke noch mehr zu verschlechtern. Es wäre dies der Todesstoß für jede Weiterentwicklung im Osten! Die Bevölkerung, welche noch zum Konzern der Großstadt gehört, braucht eine leichte Verbindung zum Hamburgischen Hauptbahnhof, jetzt schon, und dann erst recht, wenn ein Groß-Hamburg entstehen soll. Der ganze Fernverkehr, dann der große Verkehr mit Harburg und der Unterelbe, von wo so viele geschäftliche Fäden nach den östlichen Vororten laufen, der Verkehr mit Berlin, wohin man praktischer Weise schon jetzt über Hamburg fährt, drängt auf die Aufrechterhaltung und Verbesserung des Anschlusses an den Hauptbahnhof. Gerade während des Krieges hat es die Geschäftswelt aufs schwerste empfunden, daß die letzten Schnellzüge keine Verbindung mit Bergedorf-Aumühle mehr hatten. Man hört, daß Ersparnisgründe an der zunehmenden Verschlechterung schuld seien, der Vorortsverkehr rentiere nicht! Da wäre doch die Frage aufzuwerfen, ob sich wohl die Staatsmänner in Deutschland klar darüber sind, wie sehr sie sich mit einer solchen Buchführung gegen den Geist der Nation versündigen und wie sehr sie die Volkswirtschaft des Reiches dadurch schädigen, daß sie die Kassenverhältnisse ihres eigenen Landes verbessern wollen. Im Jahre 1912/1913 wurden in Bergedorf 22000 Monatskarten, 19000 Arbeiter-Wochenkarten und 500000 Einzel-Fahrkarten nach Hamburg gelöst. Es entspricht dies ungefähr einer Million Hin- und Rückfahrkarten, ohne daß dabei die Fahrgäste an den anderen Haltestellen in Friedrichsruh, Aumühle, Wohltorf, Reinbek usw. mitin Rechnung gezogen werden. Nimmt man nun für eine Fahrt eine Verlängerung von einer Viertelstunde und eine weitere Verzögerung von einer Viertelstunde infolge der schlechten Zugfolge an, so ergibt sich für eine Hin- und Rückfahrt zweimal eine halbe Stunde oder im Jahre ein Zeitverlust von rund einer Million Stunden. Ob nun dieser Diebstahl an Zeit die Arbeit, die Ruhepausen oder aber den nötigen Schlaf trifft, ist gleichgültig. Jedenfalls kann man bei einem gering angesetzten Werte von 2 Mk. für die Stunde mit einer volkswirtschaftlichen Zeitvergeudung von 2 Millionen Mark oder mit einem kapitalisierten Betrage von 40 Millionen rechnen. Dafür könnte man schon die Verkehrsverbesserungen bewerkstelligen, welche von den preußischen Vororten an Bille und Aue schon Jahr und Tag gewünscht werden. Denn die Forderungen des hamburgischen Gebietes — wenn solche von der hamburgischen Verwaltung überhaupt noch gestellt werden — sind ja bei dem seitherigen System an und für sich vollständig wertlos. Es fehlt da dem hamburgischen Staate bis jetzt jede Handhabe. Und während nach Norden die Lübeck-Büchener Bahn sich den Wünschen der Bevölkerung in geradezu vorbildlicher Weise anpaßt, während nach Süden Harburg mit dem Druck seiner Handelskammer, Eisenbahnwünsche durchsetzt, während in Richtung des Sitzes der Eisenbahn-Direktion ein glänzender Vorortsverkehr eingerichtet wurde, geht der Bahnverkehr nach Schwarzenbek langsam dem Verenden entgegen. Man muß den Sturm der Empörung kennen, der in Berliner Vororten losbrach, als sich die preußische Staatsbahn ihrer moralischen Verpflichtung zum fortschrittlichen Ausbau bestehender Strecken entziehen wollte, man muß auch wissen, daß Bergedorf lange Jahre Schnellzugshaltestelle war, um die ganzen Verkehrsmißstände Hamburg-Ost begreifen zu lernen.

Es mag ja sein, daß technische Umstände hemmend einwirken. Da aber seinerzeit aus Anlaß des Brandes der Neuengammer Gasquelle unter glänzender Ausnutzung der Konjunktur ein außerordentlicher Zugverkehr eingerichtet wurde, da ferner während des Krieges die Züge von Geesthacht nach Hamburg-H. durchfahren konnten und es auch jetzt noch können, so muß wohl die Mangelhaftigkeit des normalen Nahverkehrs auf andere Kräfte zurückgeführt werden.

Mit Sehnsucht wartet deshalb die ganze Bevölkerung zwischen Hamburg und dem Sachsenwalde auf die kommende Reichseisenbahn, von der sie eine demokratischere Auffassung der Verkehrsaufgaben erhofft, zu deren Lösung das alte Hamburg und die preußische Staatsbahn-Verwaltung jahrzehntelang nicht fähig waren. Man hofft auf den viergleisigen Ausbau, die Hochlegung der Bahn von Hamburg bis Reinbeck und auf die Einrichtung des elektrischen Vorortverkehrs.

Kein Punkt eines Vertrages über Angliederung preußischer Landteile an Hamburg kann so wichtig sein, wie der. *Und* dann muß Hamburg endlich einmal aufhören die Frage des Ausbaues einer preußischen bezw. Reichsvorortbahn mit dem Projekte der Hochbahnverbindung nach Bergedorf zu verquicken. Jede der beiden Bahnen hat ihre eigene Aufgabe zu lösen. Während die Hochbahn über Hamm und Horn die Gegend von Sande und — unter Kreuzung der Staatsbahn — die *siedlerisch gute Hochebene Wentorf-Börnsen-Kröppelshagen auf*schließen muß, umfaßt die Hamburg-Berliner Strecke nach wie vor ihr jetziges Beschickungsgebiet. Sie bildet zwischen Geest und Elbe die natürliche Schwerlinie, sie faßt das zukünftige Industriegebiet bei Tiefstack im Kern an, sie erschließt das landwirtschaftliche Zwischengebiet der Marsch und ist und bleibt die einzig mögliche Zubringerbahn ins Tal der Bille und Aue, wobei sie für alle diese Bezirke den praktischsten Anschluß an den Fernverkehr über Hamburg-Hauptbahnhof darstellt.

Es wird die siedlungstechnische Aufgabe Groß-Hamburgs sein, den Ausbau beider Vorortbahnen zu bewältigen, wenn es auch zunächst die wichtigere zu sein scheint, die vorhandene Strecke zu verbessern. Und dieses Problem drängt zu einer schnellen Lösung. Unter dem Schutze des alten Systems hat die preußische Staatsverwaltung bis jetzt jede Angabe über ihre Projekte und insbesondere die Feststellung der zukünftigen Schienenhöhe verweigert. Das hat zur Folge, daß in dem ganzen von der Bahn bestrichenen Gebiete weder Brücke noch Wege, weder Plätze noch Straßen, noch Bahnen projektiert oder angelegt werden können. Alle Kreuzungen sind unmöglich, wenn man nicht die Gefahr laufen will, daß das Geld hierfür zum Fenster hinausgeworfen ist, sobald die preußische Staatsbahn die Höhe des Bahnkörpers und der Bahnhöfe ändert. Dadurch ist natürlich auch jedes Siedlungsprojekt von vornherein zur Unfruchtbarkeit verdammt. Mag endlich einmal die Tat kommen, die in diese verworrenen Fragen Klarheit bringt, so daß die Großstadt zugunsten von Außensiedlungen entlastet werden kann, ohne daß Tausende unnötig auf den Bahnhöfen herumwarten müssen. Die Ersparnis an der so vergeudeten Zeit wird dem Wiederaufbau des Vaterlandes zu Gute kommen und dieses erstrebenswerte Ziel wird um so schneller erreicht, je früher die jetzige kleinstaatliche Wirtschaftspolitik zwischen Hamburg und Preußen aufhört und je eher die hamburgische Zickzackpolitik in Siedlungsfragen dauernd und für immer zu Ende ist.

Ein neuer großzügiger Plan über den Siedlungs- und verkehrstechnischen Auf- und Zusammenschluß von Groß-Hamburg-Ost läßt sich jedoch nicht früher aufstellen, ehe man sich nicht ein System über das Verhältnis von Großstadt zur Umgegend zurechtgelegt hat. Einen Versuch dieser Art zeigt die anliegende schematische Zeichnung. Ihr liegt die Idee der Nebenzentren zugrunde, die ich für Bergedorf schon im Jahre 1914 befürwortet

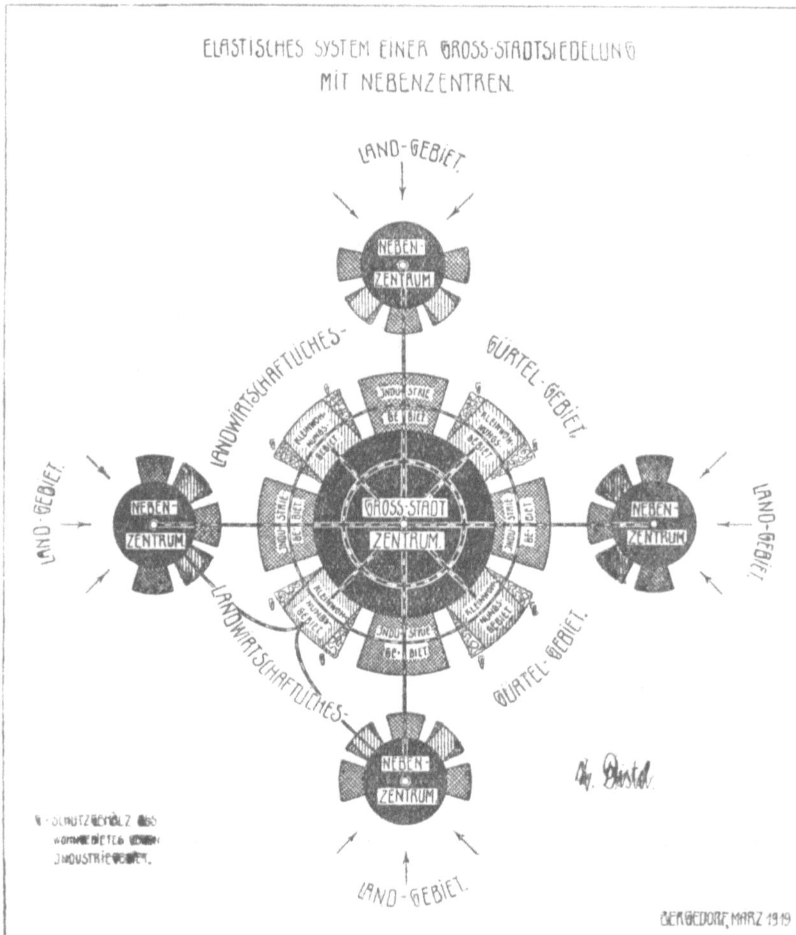

habe und die neuerdings in der Frauendorferischen Schrift, „Die Wohnungsfrage eine Verkehrsfrage"[1] warm verfochten wird. Mehr und mehr kommen ja alle Kreise des Volkes zu der Einsicht, daß der bisherige Aufbau der Großstadt falsch war und daß das Endergebnis einen politischen und kulturellen Zusammenbruch darstellt.

[1] H. von Frauendorfer. Die Wohnungsfrage eine Verkehrsfrage. Ein Weg zur Lösung. München 1918.

Bis jetzt galt das System des Fortwurstelns. Man klebte Stadtteil an Stadtteil und manche Großstädte waren maßlos stolz einen bedeutenden Umfang ihrer Stadt und eine vielstellige Summe für ihre Einwohner feststellen zu können. Wurde irgendwo eingemeindet, so suchte man die Lücken zwischen Mutter- und Tochtergemeinde möglichst schnell zu überbrücken. Die Folgen sind bekannt: Überfüllung der Häuser, Mangel an Grün- und Spielplätzen, an Luft, Sonne und Licht, Mietssklavenhäuser und eine schamlose Spekulation! Dazu kommt das tägliche Hin- und Herschieben unorganisch angesiedelter Menschenmassen und übermäßige Kosten für Sanierungen.

Bei dem System der Nebenzentren wird dem Wachsen der Großstadt ein Halt geboten. Es wird gleichsam mit vorbestimmter Mittelpunktsentfernung eine Kette um die Stadt gelegt, die durch Überbauung nicht überschritten werden darf. Ist die Grenze erreicht, so tritt automatisch die Entlastung durch die Nebenzentren ein. Zwischen diesen Nebenzentren — die wieder einen ganzen Komplex von Vororten umfassen —, und zwischen der Großstadt liegt ein breiter landwirtschaftlicher Gürtel, von dem aus das Stadtinnere mit den Produkten des Bodens versorgt wird. Der Gürtel wird nur von Fern- und Vorortsbahnen, sowie von den nötigen Ausfallstraßen durchzogen. Mit voller Absicht geht kein Wohnstreifen von der Großstadt nach der Vorstadt durch, weil eine kilometerlange schmale Bauzone ganz unverhältnismäßige Kosten für das stadtbautechnische Rüstzeug, wie Straßenbau, Be- und Entwässerungsanlagen verursachen würde. Die Summen, die für einen solchen, fälschlicherweise häufig projektierten,Streifen aufzuwenden sind, waren schon vor dem Kriege unwirtschaftlich. In den nächsten Jahrzehnten aber ist überhaupt nicht mehr an überteuerte Siedlungen größeren Maßstabes zu denken. Dagegen wird es nötig sein, vorhandene Wohnstätten auszubauen, an diese anzuschließen und vor allem schnellste Ergebnisse zu suchen. Große Idealprojekte sollte man ruhig späteren, reicheren Generationen überlassen.

Von Wichtigkeit bei der Aufstellung eines festen Systems ist die Idee der Randbebauung einer Großstadt. Die stets gleich bleibende Entwicklung zeigt, daß sich immer die Industrie- und Lagerviertel bei den Güter- und Verschiebebahnhöfen, am äußeren Rande einer Stadt zu beiden Seiten einer Fernbahn anlagern. Da nun, wie alle Untersuchungen zeigen, der kürzeste Weg zur Arbeitsstätte die besten Daseinsbedingungen für eine Familie gibt, wird man die Wohnsiedlungen, ebenfalls am Rande, zwischen die organisch gewachsenen Arbeitsbezirke einschalten und sie gegen den Rauch und Schmutz der Fabriken durch Schutzgehölze sichern. Die Umrißlinie der Großstadt zeigt dann eine Sternform. Es wechseln Wohn- und Arbeitsviertel, die alle durch eine breite Ringstraße mit Schnell- und Straßenbahnen verbunden sind. Außerdem aber kann man mit der, den Industriebezirk durchschneidenden zentralführenden, Bahn sowohl nach der Innen- wie nach der Außenstadt fahren. Für arbeitende Menschen bedeutet dieses elastische Städtebausystem die größtmögliche Freiheit, da zu wohnen, wo es jedem beliebt. Denn wenn man auch noch so schöne Pläne entwirft und wenn man es auch für vollständig richtig ansehen muß, daß Arbeits- und Wohnsiedlungen dicht nebeneinander liegen, so gibt es doch viele Tausende, die sich nach anderen Wohnbezirken hingezogen fühlen. Vor allem ist gerade bei den Allertüchtigsten stets der Zug nach den Vororten vorhanden. Im kleineren Kreise fühlt sich auch der ärmste Mensch immer noch mehr als Persönlichkeit während er in der Großstadt nur eine Null hinter wenigen Ziffern bedeutet. Es sind dies Imponderabilien der Siedlungstechnik, die wohl im Auge behalten werden müssen! Zudem findet man in dem Außenbezirken bessere Wohnungsbedingungen, Gärten, Natur und die Möglichkeit der Kleinviehhaltung, während die Mißstände der Großstadt allen Theorien zum Trotze vorhanden sind und es auch bleiben werden.

Wenn man nun sieht, unter welchen Mühen jetzt schon die Vielen aus allen Berufsständen den weiten Weg nach ferngelegenen Vororten antreten, dann wird man auch finden, daß der Grundgedanke der Nebenzentren mit durchgehender Schnellverbindung nach den Rand- und Innenvierteln der Mutterstadt eine glückliche Zukunft haben wird.

Die Wechselwirkung zwischen Großstadt und Nebenzentren besteht aber nicht nur im Austausch arbeitender Menschen, sondern beide Städte bilden einen gegenseitigen Ersatz für Erholung und Kulturgenüsse. Die Verteilung muß nur so geschehen, daß unnötige Wege zwischen der großen und der kleinen Siedlung vermieden werden. Im übrigen hat die Außenstadt die städtebaulichen Einrichtungen der Großstadt: Gas, Wasser, Siele, Elektrizität, Schulen jeder Art, Töchterschulen, Gymnasien, Oberrealschulen, Warmbadeanstalt, eine kleine Bücherei, ein Museum, in der die landschaftliche Eigenart besonders berücksichtigt werden kann, und dann vor allem auch Amtsstellen der Verwaltung, der Gerichte und Steuerbehörden. Mit diesen Einrichtungen beherrscht sie in kleinerem Maße die in weiträumiger Flachbauweise untergebrachte Bevölkerung der Umgebung und das landwirtschaftliche Hinterland. Sie entlastet die Großstadt und zeigt auf dem Systemplan im kleinen die Randbebauung der letzteren. Jedoch nur in Richtung der Großstadt selbst, während auf der Außenseite die ländliche Bauweise einsetzt. Man kann sich denken, daß diese Außenstädte einen günstigen Boden für eine bestimmte Eigenart wissenschaftlicher oder künstlerischer Niederlassungen abgeben werden. Denn sie haben gegenüber den Kleinstädten auf dem flachen Lande den Vorteil, daß sich die Bewohner der Gefahr eines öden Philistertums durch die Bildungsgelegenheiten der angrenzenden Großstadt entziehen können, ohne auf die gesundheitlichen Vorteile der kleineren Ortschaft verzichten zu müssen.

Überträgt man nun das geschilderte System einer großstädtischen Siedlungspolitik auf das zukünftige Groß-Hamburg, so zeigt es sich, daß seine praktische Anwendung ohne weiteres möglich ist. Zwar wird ein Teil des Stadtgürtels durch die Elbe durchschnitten, ein Bruch des Systems wird aber dadurch nicht nötig! Ganz besonders leicht läßt sich der Plan auf Hamburg-Ost übertragen. Man braucht bei dieser Landschaftsbezeichnung nicht an den geographischen Begriff des Wortes zu denken, sondern ganz allgemein wird damit das Land rechts und links der Berliner Bahn bezeichnet. Nimmt man nun Hamburg, Wandsbek und Altona als städtebauliche Einheit, so geht die jetzige östliche Stadtgrenze ungefähr von der Elbe über Billwärder-Ausschlag, Horn bis nach Wandsbek. Die höchste zulässige Randbebauung wird dann begrenzt von der Doveelbe, Moorfleth, dem Unteren Landweg, Kirchsteinbek, Oejendorf, Jenfeld und Tonndorf an der Lübecker Bahn.

Der landwirtschaftliche Gürtel um Hamburg zieht sich in einer Breitenausdehnung von 7 km durch die Marsch vom Unteren Landweg bei Moorfleth bis zum Oberen Landweg bei Bergedorf; südlich davon schließen sich die Vierlande an. Auf der Geest reicht das Ackerland 5 km weit, von Kirchsteinbek bis Neu-Boberg-Sande. Ein günstiger Zufall bringt es mit sich, daß gerade bei Kirchsteinbek-Ost-Steinbek die geologische Grenze hindurch geht. Westlich von Steinbek findet man reinen Sandboden, der zur Zeit für Kalksandsteine ausgenutzt wird. Östlich der Möllner Landstraße bis nach Havighorst-Boberg hat man hochwertigen Ackerboden, welcher von Gemüsegärtnern zur Versorgung der Großstadt bebaut wird.

Jenseits des Gürtels, da, wo die Bahn den Oberen Landweg kreuzt, setzt das Gebiet von Bergedorf an. Die alte „Hauptstadt der Vierlande“ zusammen mit Sande, Wentorf, Curslak und Hinschendorf zeigt an und für sich schon die besten Bedingungen, die der besonderen Art dezentralisierter Siedlungspolitik entsprechen. Es mündet die Bergedorf-Geesthachter und die Vierländer Eisenbahn in Bergedorf, wie auch der Hauptverkehr aus der Umgegend hier zusammenläuft.

Das Hinterland von Bergedorf und gleichzeitig das Grenzgebiet von Groß-Hamburg zieht sich entlang der Bille und Aue bis nach Schwarzenbek. Es umfaßt das hochgelegene Geestdreieck, welches von der Berliner und Geesthachter Bahn umschlossen wird und bis an die Elbe heranreicht. Am abfallenden Rand dieser Hochebene, direkt an der Elbe, liegen die großen Fabriken von Düneberg und Krümel, die organisch zum Hamburger Wirtschaftsgebiet einbezogen werden müßten.

Im Rahmen eines Ostbezirkes, der von Hamburg bis nach Schwarzenbek-Geesthacht reicht, wird der Ausbau des Randgebietes bei Tiefstack zu allererst Neuordnungen größten Maßstabes erfordern. Vom Holzhafen in der Elbe bis nach Schiffbeck auf der Geest waren von jeher Fabrikgelände im Stadtplan vorgesehen. Schon seit einer Reihe von Jahren liegen einige Werke zwischen der Bille und der Industriebahn. Die Arbeiter wohnen jenseits der Grenze im preußischen Schiffbek. Das Gelände liegt niederer wie normal auf nur + 7,90. Ein Teil der Fabriken wurde in den letzten Jahren vergrößert; Neuanlagen sind jedoch nicht entstanden. Es darf dies als sicheres Zeichen dafür betrachtet werden, daß der jetztige Zustand des Gebietes trotz Bahn- und Wasseranfuhr noch Mängel besitzt, die vielleicht durch den projektierten Ausbau der 40 m breiten Großmannstraße, welche von Rothenburgsort über Billwärder-Ausschlag nach Schiffbeck führt, behoben werden. Zwischen der Industriebahn und der preußischen Staatsbahn in Billbrook liegt dann ein, von Hochwasser freien Leitdämmen umzogenes Gelände mit der alten tiefen Höhe von ca. + 4 m. Die Aufhöhung ist eine der dringendsten Aufgaben zur Förderung des schon allzu alten Projektes eines Verschiebebahnhofes, der hier seinen Platz erhalten soll. Gleichzeitig damit wird auch die Abkürzung der Bahnkurve vom unteren bis zum mittleren Landweg ausgeführt werden. Zwei Kanäle und die am Unteren Landweg entlangführende Marschbahn schließen das nördliche Gelände auf, zu dem dann nur noch die Zufahrtsstraßen fehlen.

Und die sucht man ebenfalls umsonst an dem besser gelegenen voll aufgehöhten Gelände zwischen der Berliner Bahn und der Doveelbe. Die Industrie, die ja immer mehr die Lage am Hauptstrom anstrebt, hätte sich dort schon längst angebaut, wenn nicht hinter Rothenburgsort die Welt mit Brettern vernagelt wäre. Die erste Notwendigkeit wird hier sein, eine Hauptzufahrtsstraße zu schaffen, die beim Deichtor beginnt, etwa über Bankstraße und die zu verbreiternde Billhörner Kanalstraße führt, am Gaswerk vorbeigeht, den Tiefstack Kanal überbrückt und das ganze Industriegelände samt dem Verschiebebahnhof aufschließt. Die Weiterführung dieses Straßenzuges als Fernstraße entlang der Berliner Bahn bis nach Bergedorf wäre von größter Bedeutung für die Aufschließung des landwirtschaftlichen Gürtelgebietes und der Vierlande, die jetzt nur auf schlangenförmigen

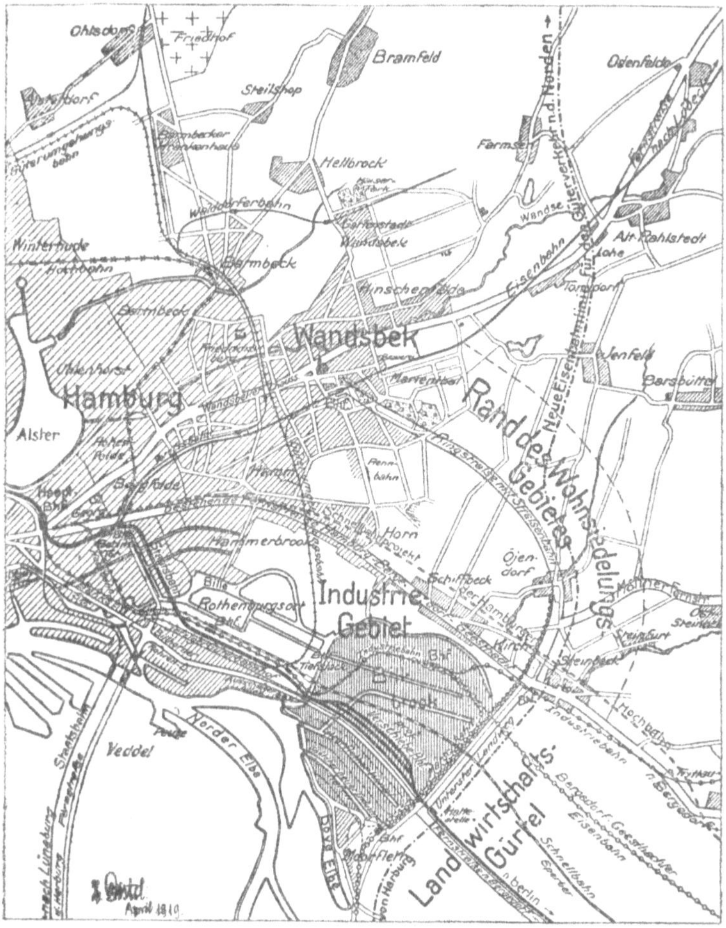

Umwegen zu erreichen sind. Es wird aber auch mit dieser Straße die Aufschließung des Fabrikviertels schwierig werden, da leider ein Längskanal statt der — im Harburger Hafen so vorbildlich angelegten — Quereinschnitte den Kopfanschluß der Fabrikzungenstraßen unmöglich macht. Die Beschickung des ganzen Geländes kann deshalb nur vom Unteren Landweg aus erfolgen, von wo aus auch der Bahnanschluß durch die Marschbahn stattfindet. Ob eine bessere Ausnutzung durch einen zweiten

Längskanal noch möglich ist, muß die Zukunft lehren. Jedenfalls wird es eines übergroßen Industriegeländes in Hamburg-Ost dann nicht bedürfen, wenn Harburg in Groß-Hamburg aufgenommen wird.

Sollte nun dieser Anschluß kommen, so würde eine Aufgabe schneller gelöst werden können, die für den Ausbau Hamburgs eine Lebensfrage wird, das ist: die Herstellung einer Güterumgehungsbahn, die von Wilhelmsburg kommend, die Norder- und Doveelbe überbrückt, am Rande des Tiefstacker-Industriegebietes vorbeiführt, den Verschiebebahnhof berührt und über Schiffbeck und Wandsbek, den Anschluß an die Elmshorner Strecke findet. Der hochliegende Bahnkörper mit den beiden Elb-Brücken wird die ganze Landschaft beherrschen. Und da die Linienführung ungefähr mit der theoretisch und praktisch geforderten Ringverbindung zwischen Arbeits- und Wohnviertel an der Stadtperipherie zusammenfällt, muß man wünschen, daß eine einheitliche Ringverkehrsanlage geschaffen wird. Außer der Güterbahn und einer breiten Straße werden die Brücken und Dämme noch die Straßenbahn und einen Hochbahn-Außenring aufzunehmen haben, welch' letzterer späterhin Harburg an das Hochbahnnetz von Hamburg anschließt. Vielleicht kann auch noch die Marschbahn in den Ringbau aufgenommen werden, um die Kleinbahnen im Marschgebiet mit einem Kleinbahn System im Kreise Stormarn zusammenzuschließen. Mit einer solchen Weiterführung der Marschbahn — vorläufig bis Wandsbek — wäre für die erste Zeit die Arbeiter-Beförderung zwischen Fabrik und Wohngebiet gelöst. Zudem würde eine solche, schnell herzustellende Bahn als Arbeits- und Baubahn für die Herstellung des Verkehrsringes dienen können; denn naturgemäß erfordert der Bau der großen, von Wilhelmsburg bis Wandsbek reichenden Anlage bei der Vielheit und der jetzigen Arbeitsweise deutscher Behörden — es sind ungefähr ein halb Dutzend dabei beteiligt — eine stattliche Anzahl von Jahren, wenn nicht das ganze Werk in die Hand eines einzigen mit allen Vollmachten ausgestatteten Ingenieurs gelegt wird.

Es müßte also eine derartige Schaffensmethode samt der prozentualen Feststellung der Kostenanteile auf die verschiedenen Länder schon jetzt im Vertrage Groß-Hamburg festgelegt werden, wenn man will, daß die Idee bald verwirklicht und die Gefahr behördlichen Nebeneinanderarbeitens vermieden wird. Denn darüber ist sich auch der Nichtfachmann klar, daß die Zusammenfassung aller Verkehrsmittel in einem einzigen Ring- und Brückenbau nicht nur das billigste, sondern auch das formal schönste Ergebnis zeitigen muß. Der Unterschied einer breiteren oder schmäleren Brücke ist ganz unerheblich im Verhältnis zur Herstellung einer solchen überhaupt! Und unwiderlegbar ist die Rentabilität einer Peripherieverbindung von Hamburg-Süd nach Hamburg-Ost, wenn man statistisch untersucht, welche Zeitververgeudung dadurch entsteht, daß augenblicklich dieser ganze Verkehr durch Hamburg-Mitte geht. Denn der Ring gibt eine ganz gewaltige Entlastung des Stadtinnern! Das ganze vom Ring bestrichene Gebiet von Harburg bis nach Wandsbek wird den Güter- und Personenanschluß an die Berliner Bahn in einem groß angelegten Bahnhof Billwärder-Moorfleth suchen. Der Hauptbahnhof Hamburg, der ja dem Ausflüglerverkehr schon vor dem Kriege in keiner Weise mehr genügte, wird vollständig entlastet werden, wobei es noch nötig wäre, auch die Schnellzüge in Moorfleth halten zu lassen. Das bedingt, daß man den nötigen Platz hierfür schon vorsieht und es zeigt so recht die falsche Methode, wenn man jetzt die Arbeiten am Verschiebebahnhof beginnt, ohne die großen Zusammenhänge städtebaulicher Struktur zu berücksichtigen.

Wie schon angeführt, dient der Außenring mit dazu, das jetzt ungefähr 128 ha große Industriegelände im und beim Billbrook mit einer neuen Wohnsiedlung Schiffbeck bis Wandsbek zu verbinden.

Das Gebiet umfaßt die Amtsbezirke:

Schiffbeck mit	Schiffbeck	9574	Einwohner	417	ha Umfang
	Steinbek	2111	,,	643	,, ,,
Barsbüttel ,,	Oejendorf	624	,,	544	,, ,,
	Jenfeld	567	,,	593	,, ,,
	zusammen also	12876	Einwohner	2197	ha Umfang

Unter Zugrundelegung der derzeitigen geringen Wohnungsdichte von Wandsbek mit ca. 35 Personen auf einem Hektar, könnte man also rund 77000 Personen ansiedeln, wobei der Ausbau von Horn nicht mitgerechnet ist.

Das Bild des neuen Wohngebietes wird stark beeinflußt durch die auf Niveauhöhe liegende Ringstraße und den parallel angeschlossenen erhöhten Bahndamm der Umgehungs- und Hochbahn. Radialstraßen senkrecht zum Ring vervollständigen des Gerippe der Siedlung. Der Verkehr nach der Innenstadt knüpft in Schiffbeck an die im Projekt befindliche neue Hochbahnstrecke Schiffbeck-Hachmannsplatz-Jungfernstieg an; in Wandsbek gibt die Lübecker Bahn den Anschluß bis zum Hauptbahnhof.

Die Schaffung eines Weges nach dem idyllischen Mühlenteich in Kirchsteinbeck und nach der Glinder Au ist für den Ausflügler-Verkehr erforderlich. Und es wird die Anpflanzung eines Schutzgehölzes zwischen dem Billbrooker Industriegebiet und der Landstraße Schiffbeck-Steinbek eine der nächsten Aufgaben des Forst- und Gartenwesens in Hamburg sein, das ähnliche Groß-Hamburgische Aufgaben für die Zukunft näher in den Kreis seiner Arbeiten wird einbeziehen müssen. Die Bebauung entlang dem breiten Ring besteht wohl aus Erdgeschoß und zwei Obergeschossen, im übrigen wird geschlossene und offene Flach-Bauweise am Platze sein. Mehr wie drei Stock hohe Mietskasernen sind überhaupt auszuschließen. Gemeinschaftlich mit dem Ausbau von Hamm und Horn, kann man dann mit einer Bevölkerung von weit über 100000 Seelen rechnen, so daß auch die Verkehrslinien noch wirtschaftlich gestaltet werden können. Die Horner Rennbahn ist innerhalb einer ausgebauten Wohnsiedlung späterhin nicht mehr berechtigt. Eine Aufteilung in Wohnplätze, Sport- und Spielanlagen wird auch für die Randbebauung von Hamburg-Ost den Zweck erfüllen, den der Stadtpark für Barmbeck schon hat. Ganz allgemein ist die Schiffbecker Gegend für die Kleinwohnungsbauweise gut geeignet, da das Gelände ziemlich wagerecht und der Untergrund gesund ist. Die Bauten stellen sich etwas billiger wie in der Innenstadt: Kies- und Sandadern im Boden, Hartsteinwerke und die anliegenden Ziegeleien werden es ermöglichen, die Baupreise mit richtig disponierten Vorarbeiten und mit den angedeuteten provisorischen Verkehrsmitteln entsprechend niedriger zu halten,

Bei Betrachtung des landwirtschaftlichen Gürtelgebietes, das Hamburg mit Bergedorf verbindet, fällt zunächst die ausreichend und gut projektierte Aufschließung der Marsch mit Kleinbahnen auf. Sie werden durchweg von der Bergedorf-Geesthachter Eisenbahn gebaut und betrieben und sie sollen alle ihren Anschluß an die Markthallen am Deichtor in Hamburg bekommen. Die Vierländer Bahn und die Marschbahn bilden mit der Industriebahn bei Tiefstack ein einheitliches Netz, an das auch die Stormarnsche Kreisbahn angeschlossen ist. Es fehlt noch die „Verbindungsbrücke" entlang der Bille vom Billbrook nach Bergedorf, mit der die fruchtbare Gegend zwischen Berliner Bahn und der Geest aufgeschlossen wird. Wenn dann späterhin noch die vom Kreise Stormarn übernommenen Gebiete mit Kleinbahnen an die Großstadt herangeholt werden, wäre ein Zusammenschluß mit dem vorhandenen Marschsystem, sowie eine einheitliche Leitung, der auch die Stormarnsche Kreisbahn zu unterstellen ist, von größtem Nutzen.

Von einer Aufhöhung des Gürtelgebietes, wie sie früher für den Friedhof projektiert war, kann bei Verwendung zu landwirtschaftlichen Zwecken natürlich nicht mehr die Rede sein. Die Entwässerung der tief gelegenen Ländereien wird durch das Pumpwerk in Allermöhe gewährleistet, die Kloakenabwässer von den Gemüsegärtnern als wertvolles Düngemittel in den Gruben zurückgehalten.

Bei Aufteilung des landwirtschaftlichen Zwischengebietes wird man zunächst daran gehen müssen, um Hamburg einen Kranz von Schrebergärten zu legen. Das urmenschliche Bedürfnis landwirtschaftlicher Betätigung steckt auch im Großstädter so stark, daß unsere demokratische Zeit diesem Wunsche weiter Bevölkerungsklassen Rechnung tragen muß. Bis jetzt liegt ein großer Teil der Schrebergärten auf zukünftigen Bauplätzen, wobei die Familien, die im Schweiße ihres Angesichts den rohen Boden bearbeitet haben, stets der Gefahr ausgesetzt sind, über Nacht wieder vertrieben und um die Früchte langer Arbeit gebracht zu werden. Es muß also eine bleibende Anlage geschaffen werden, die an der „Zwangsgrenze des Ostrandes", entlang dem unteren Landweg und (auf der Geest) entlang der Möllner Landstraße, ihren Platz hat. Und dann wäre zu prüfen, ob man nicht die Abwässer der neuen Wohnsiedelung bei Schiffbek für Düngerzwecke in der Schrebergartenstadt ausnutzen kann.

Das hochwertige Marschgebiet gehört vom Billbrook bis zur Grenze von Bergedorf größtenteils dem hamburgischen Staat. Zur Zeit wird es nicht genügen bebaut, also für die Versorgung von Hamburg mit Nahrungsmitteln nicht genügend ausgenützt. Das allein ist schon ein Grund, um das Ganze in staatlichem Besitze befindliche Ackerland so schnell als möglich in kleine Anwesen umzuwandeln, die im Sinne des Erbbaurechts Gemüsegärtnern zur Verfügung zu stellen wären. Unter Anwendung der verschiedenen Gesetze zur Förderung des Baues kleiner Wohnungen wird es dann nicht schwierig sein, diesen Gärtnern eine Heimstätte zu bauen. Man würde also von Bergedorf nach Hamburg durch einen Kranz kleiner, weiträumig gestellter, Häuser fahren, durch ein Gebiet, das samt den Vierlanden die Funktion der Großstadtversorgung mit Gemüse und Früchten übernimmt.

Mit zwingender Logik zeigt auch dieser Siedlungsgedanke die Notwendigkeit einer Marschfernstraße von Tiefstack nach Bergedorf. Die Fernstraße auf der Geest über Kirchsteinbeck nach Bergedorf ist für die Marsch zu weit entfernt und, infolge des steil abfallenden Geestrandes, schwer zu erklimmen. Zudem liegen gerade am Rande moorige Flächen; auch fehlen günstige Querwege. Dafür kann der Mittlere und Obere Landweg unter der hochzulegenden Berliner Bahn durchgeführt werden, wobei auch die Haltestellen hoch liegen. Wenn dann die Kleinbahn Billbrook-Bergedorf noch zur Ausführung kommt, vielleicht die Marschfernstraße mit einer Straßenbahn versehen und der Bahnhof Moorfleth vergrößert wird, wird es genügen, an den Haltestellen „Mittlerer“ und „Oberer Landweg“ nur wenige oder gar keine Züge mehr halten zu lassen, im übrigen aber die Vorortzüge bis Bergedorf ohne Aufenthalt durchzuführen.

Der südliche Teil des Gürtels wird durch die Vierlande dargestellt. Hier bedarf es nur im geringen Maße einer Neuordnung. Zwar können noch einige größere Siedlungen, die einer, schon vor dem Kriege einsetzenden wilden Bauspekulation zufolge, nicht genügend bebaut werden, freiwillige oder zwangsweise in Kleingrundbesitze übergeführt werden, im übrigen hat aber gerade der in Vierlanden vorhandene Wechsel von großen und kleinen Stellen sich als ausgezeichnet für die Gemüsehaltung und den landwirtschaftlichen Fortschritt gezeigt. Eine bessere Verbindung nach Hamburg wird in Bälde die Marschbahn bringen, eine bessere Wasserverbindung mit der Dove-Elbe ist jetzt schon in Arbeit: An der neuen Schleuse bei der „Bergedorfer Schleuse“ wird auf dem oberen Teil der Dove-Elbe ein konstanter Wasserspiegel geschaffen, der die Befahrung mit 400 t Kähnen ermöglicht. Im unteren Teil werden 1000 t Kähne verkehren können.

Das Gürtelgebiet nördlich auf der Geest wird ungefähr von Barsbüttel-Wellingshusen-Glinde-Schöningstedt begrenzt sein. Hauptzubringerstraße ist die Möllner Landstraße, die noch besser ausgebaut werden kann. Der Ausbau einer Querstraße, Glinde-Bergedorf ist erwünscht. Der Bahnanschluß geschieht durch die Stormarnsche Kreisbahn, die zur Zeit ihren Verkehrsaufgaben nicht immer gewachsen ist.

Das weiter außen liegende landwirtschaftliche Gebiet nördlich bei Ohe-Witzhave, südlich auf der Linie Kurslack-Horst-Escheburg und östlich von Kröppelshagen nach Hohenhorn gehört schon zu den Außenverbänden bezw. zum Nebenzentrum Bergedorf.

Zur Schaffung eines Nebenmittelpunktes im Sinne des Systems einer Dezentralisation der Großstadtsiedlung Hamburg wird es nötig, die Stadt Bergedorf um die Nachbargemeinden Sande, Wentorf, Reinbeck und Curslack zu vergrößern. Curslack kann dabei teilweise durch das hochgelegene Börnsen ersetzt werden. Bergedorf selbst ist als Nebenzentrum zu klein. Die nötigen Verkehrsverbindungen mit der Mutterstadt sind nur dann wirtschaftlich, wenn die Außenstadt eine gewisse Größe nicht unterschreitet. Zum Mindesten muß diese so angelegt sein, daß sie sich verhältnismäßig schnell entwickeln kann. Und eine solche Entwicklung wäre in Bergedorf schon längst von selbst erfolgt, wenn nicht die Hamburg-Preußische Grenze, die Niveau-

Lage der Staatsbahn und die Siedelungspolitik Hamburgs jeden Fortschritt unterbunden hätte. Es bedarf nur der Wegräumung künstlicher Widerstände, um ein gesundes Zusammenwachsen der einzelnen Wohnfetzen zu erzielen und um die Summe aller Teile zu einer großzügigen Entlastung Hamburgs auszubauen.

Es war ein Fehler von Hamburg, Bergedorf verkehrs- und siedlungstechnisch solange zu vernachlässigen in einer Zeit, in der man nach den ganz unbebauten Gegenden von Groß-Hansdorf und Wohldorf teure Schnellbahnen anlegte. Und es ist einfach ein

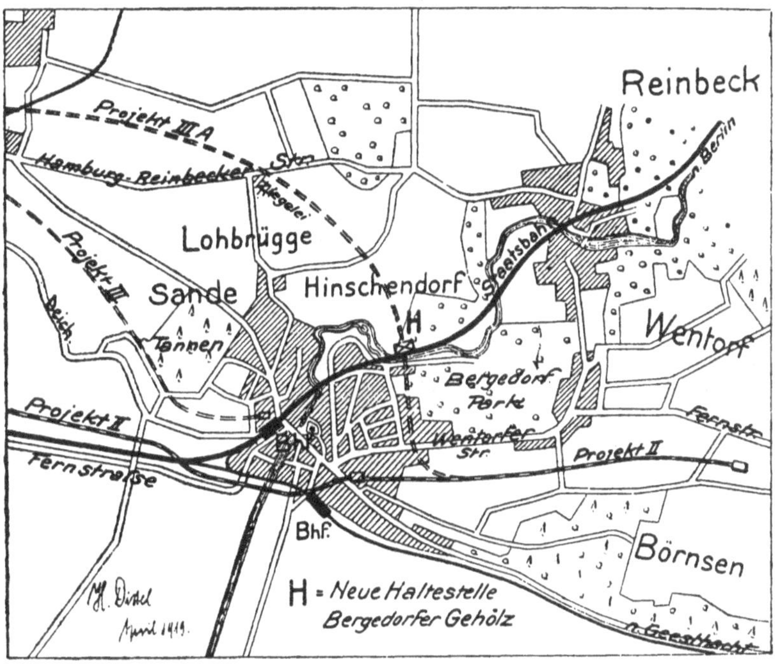

Fehler der Denkfähigkeit zu glauben, daß man Neusiedlungen größeren Maßstabes in dem armen Deutschland aus der Erde stampfen könne. Denn dazu gehört das ganze teure, von Generationen entwickelte, städtebauliche Rüstzeug, das zwar Bergedorf, nicht aber die Walddörfer haben. Die ganze zukünftige Siedlungspolitik muß den An- und Ausbau, nicht aber den Neubau pflegen.

Ob nun die neue Außenstadt Bergedorf weiterhin ein eigenes Kommunalleben führt, oder ob sie in Hamburg eingemeindet wird, ist für den technischen Begriff der Siedlung gleichgültig.

An und für sich ist ja im freiheitlichen und kulturellen Sinne die Selbstverwaltung der Vororte jeder Zentralisation vorzuziehen. Die Eingemeindung wird doch nur lediglich deshalb gewünscht, um gleiche Steuern zu erzielen und die nach den Vororten ausstrahlenden Großstadtprojekte zu erleichtern. Das erstere müßte sich durch ein elastisches Zuschußverfahren, das Letztere durch eine schnelle und ganz öffentliche Behandlung technischer Fragen lösen lassen. Jedenfalls aber dürfte das in allen Bevölkerungskreisen verhaßte Verwaltungssystem der Hamburgischen Landherrenschaften auf das neue Landgebiet Hamburg-Ost nicht übertragen werden. Der Sicherheit halber werden die neu anzuschließenden Landteile schon im Vertrage ihre Wünsche darüber zur Geltung bringen müssen.

Mit dem Zusammenschluß der 5 Gemeinden zu einer Verwaltungseinheit kann eine Vereinfachung des behördlichen Apparates erfolgen. Es werden die Wasser- und Gaswerke zusammengeschlossen, die Sielprojekte einheitlich behandelt, sowie die Bille die Brookwetterung und die Kampbille reguliert werden können. Das Amtsgericht zu Reinbeck müßte in dem von Bergedorf aufgehen. Dringend zu wünschen wäre die Verlegung einer Abteilung des hamburgischen Vermessungsbureaus in die Außenstadt. Mit der Schaffung eines größeren Bergedorfs bekommt auch die bevorstehende Sanierung seiner Altstadt ein anderes Gesicht. Die Durchbruchsstraße, welche parallel zu der vollständig ungenügenden Holstenstraße — im Zuge der Fernstraße Hamburg-Berlin — projektiert ist, wird schon im Stadtteil Sande beginnen, sodaß der neue Bahnhof Bergedorf zwischen beide Hauptstraßen zu liegen kommt. Es läßt sich hierfür unter Zusammenfassung aller technischen und formalen Erfordernisse eine ausgezeichnete städtebauliche Anlage schaffen, — wenn eben die ganze Arbeit in einer Hand zusammengefaßt wird. Am Bahnhofsplatz würde die Marschfernstraße mit Straßenbahn endigen und eine Schnellstraßenbahn abzweigen, welche durch die Durchbruchsstraße über Grevesgarten, nach dem Schulenbrook und der Höhe bei Wentorf geht. Das Bedürfnis einer Verkehrsverbindung auf der Fernstraße von Bergedorf nach Schwarzenbeck ist vorhanden. Vor dem Kriege war ein Motor-Omnibus-Verkehr auf dieser Strecke eingerichtet, der zur Zeit ruht. Und eine neue Straßenbahnverbindung wird auch von Bergedorf über die Goethestraße nach Reinbeck erforderlich, sie wäre als Promenadenweg zur Verbindung der Villenvororte bis Friedrichsruh weiterzuführen.

Die Größenverhältnisse der Stadterweiterung gehen aus folgender Aufstellung hervor:

	Größe	Straßen u. Gewässer	1910: Einwohner
Bergedorf	559 ha	240	16509
Sande	570 „	40	1663
Wentorf	675 „	39	1408
Reinbeck	644 „	69	1980
Curslack	1266 „	80	7163
Zusammen	3714 ha	486	28723

In der Fläche ist der ausnahmsweise große und schöne Bergedorfer Stadtpark enthalten der aus dem Bergedorfer Gehölz mit rund 34 ha und dem Wentorferpark mit 40 ha besteht, zusammen also 74 ha. Zieht man diese Größe von der Gesamtfläche ab und bringt man noch ca. 20 ha für unbebaubaren Moorgrund usw. in Abrechnung so kann man mit einem bebaubaren Land von 3620ha rechnen davon verteilt sich

20% auf Straßen mit 724 ha
12% auf Gebäude mit 434 „
68% auf Gärten mit 2462 „

Auf hundert Quadratmeter für ein Haus könnten also in Flachbauweise ca. 43400 Häuser gebaut werden in denen bequem hundertsiebzigtausend Menschen Platz fänden. Bei einer Wohnungsdichte von rund 50 Personen auf einen Hektar kommt man ungefähr zu gleichem Ergebnis.

Nimmt man nun als erstrebenswert eine gemischte Bauweise mit 2 bis 3 Stock hohen Großwohnungshäusern und ein- bis zwei Stock hohen Einzelwohnhäusern an und läßt man das Randgebiet für landwirtschaftliche Kleinsiedelungen liegen, so kann man unter allen Umständen mit einer späteren Einwohnerzahl von über hunderttausend Menschen für das Hamburgische-Nebenzentrum Bergedorf rechnen.

Damit ergeben sich aber ganz andere Verkehrsmöglichkeiten wie bei der jetzigen Art von Zwergsiedelungen! Und ein Nebenmittelpunkt braucht einen guten, möglichst eilzugsmäßigen Vorortverkehr mit der Mutterstadt! Mit dem Bau einer Schnellbahn nach Bergedorf beschäftigen sich die hamburgischen und preußischen Behörden schon seit Jahrzehnten. Drei Projekte wurden ausgearbeitet:

1. Ein Projekt der preußischen Staatsbahn mit besonderer 2gleisiger Vorortsstrecke unter Einführung des elektrischen Vorortverkehrs.
2. Ein Projekt der Hamburgischen Baudeputation (Projekt Sperber). Hochbahnverlängerung von Rothenburgsort durch die Marsch ungefähr parallel der Berliner Bahn

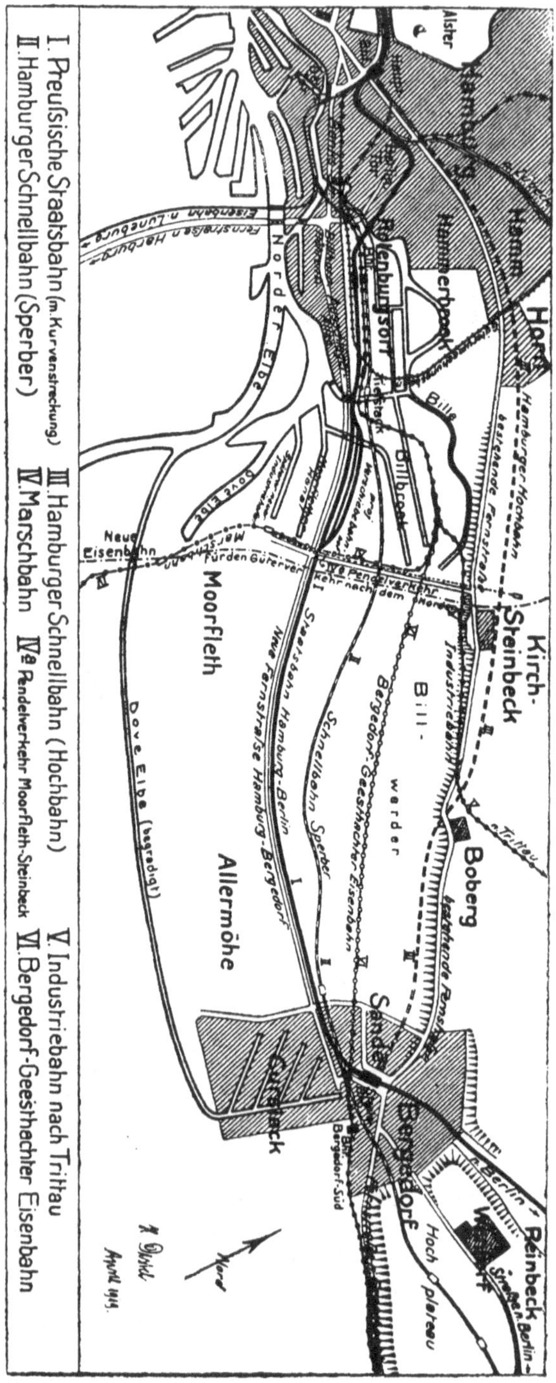
Hamburg
Alster
Hamm
Hammerbrook
Rotenburgsort
Horn
Bille
Billbrook
Norder Elbe
Dove Elbe
Kirch-Steinbeck
Moorfleth
Bill-werder
Boberg
Allermöhe
Sande
Bergedorf
Reinbeck
Nord
I. Preußische Staatsbahn (m. Kurvenstreckung)
II. Hamburger Schnellbahn (Sperber)
III. Hamburger Schnellbahn (Hochbahn)
IV. Marschbahn IVa Pendelverkehr Moorfleth-Steinbeck
V. Industriebahn nach Trittau
VI. Bergedorf-Geesthachter Eisenbahn

mit Untertunnelung der letzteren kurz vor dem Hauptbahnhof Bergedorf und Einführung in die Stadt bis zum Mohnhof.

3. Ein Projekt der Hochbahn über Hamm Horn Havighorst, Überbrückung der Berliner Bahn am Hauptbahnhof Bergedorf und spätere Einmündung in die Durchbruchsstraße. Dabei wäre noch die Möglichkeit einer Einmündung durch das Gehölz oder einer Schleife Hauptbahnhof-Mohnhof-Gehölz-Hinschendorf gegeben.

Die beiden letzteren Hochbahnprojekte sind für bestimmte Aufschließungsarbeiten des Gürtelgebietes und späterer Weiterführung zum Hochplateau bei Wentorf wichtig.

Noch wichtiger aber ist der schnelle Ausbau der preußischen Linie: Das ganze Problem Groß-Hamburg-Ost hängt von der großzügigen Lösung des Vorortverkehrs auf dieser Hamburg-Berliner Strecke ab. Und dazu braucht man außer den beiden Ferngleisen den Neubau zweier besonderer Vorortgleise bis Aumühle sowie ab Bergedorf noch 2 weitere Gleise für den Güterverkehr zum Anschluß an den Verschiebebahnhof Billwärder zu fordern.

Eine neue Haltestelle zwischen Bahnhof Bergedorf und Reinbeck ist zur Aufschließung des Sande-Hinschendorfer Teilgebiets und zum Anschluß des Bergedorfers Stadtparkes an die Großstadt nötig. In ein und derselben Außenstadt ist die Entfernung von den Bahnhöfen nach den Ländereien dazwischen zu weit: Sie beträgt jetzt über $^3/_4$ Stunden. Der herrliche Bergedorfer Stadtpark aber ist für viele Hamburger bei einer guten Verbindung leichter zu erreichen, wie der leider recht öde Park bei Barmbeck.

Nützt man so alle Möglichkeiten einer großzügigen Siedlungspolitik aus, und begünstigt man den Eilzugverkehr von Bergedorf nach Hamburg-Hauptbahnhof, so wird auch der, bekanntlich meist unrentable, Vorortverkehr rechnerisch bald ohne Verlust arbeiten können. Doch bedarf es dazu noch der Herabsetzung der Fahrpreise die zur Zeit jede Besiedelung großen Maßstabes hemmen. Die Anlegung der Güterbahnhöfe in Bergedorf und dann auch der Wasserweg durch den noch zu vertiefenden Schleusengraben, und anderes mehr, sind örtliche Fragen, die hier ohne Belang sind.

Als Stamm des Nebenzentrums ist die Stadt Bergedorf anzusehen. Sie bildet die Stadtmitte, die von allen Anschlußorten zur Zeit am stärksten ausgebaut ist. Für einen Quadratmeter Wohngelände zahlt man 15—20 Mk. Deshalb wird sich die größere Bautätigkeit nicht hier, sondern in den neuen Stadtteilen Sande-Hinschendorf und Wentorf-Börnsen entwickeln, wo 1 Quadratmeter Rohgelände zur Zeit noch um 60—100 Pfennig zu haben ist.

Das Industriegelände liegt am Schleusengraben. Im Sinne einer Wohnsiedelung müßten Fabriken, welche die Gegend belästigen ausgemerzt oder verboten werden, umsomehr, als gerade die Hauptwindrichtung auf die Wohnsiedelung zugeht. Es kämen also mehr Unternehmungen der Fein-Industrie und mehr kleinere wie ganz große Anlagen in Betracht. Die wünschenswerte Gleichartigkeit der Betriebe hat in Bergedorf schon durch 2 große Stuhlrohrfabriken begonnen; Maschinenfabriken und Ziegeleien sind in Sande vorhanden. Ganz allgemein wird aber die Möglichkeit der Industrialisierung in Bergedorf begrenzt sein.

Für eine solche kommt im Osten Geesthacht in Betracht, wo 2 der größten Munitionsfabriken den Boden vorbereitet haben. Der Ausbau des dortigen Hafens, die Schaffung von Industriegelände und die Umwandlung der rein ländlichen Bauweise in eine der Industriegegend angemessene, wird hier zunächst Aufgabe des Hamburgischen Staates sein.

In dem übrigen, rein ländlichen, Neugebiet Groß-Hamburgs sind Siedlungsaufgaben größeren Stils nicht zu lösen. Es wäre nur der Gefahr zu begegnen, daß auch dieses Gebiet wieder — wie in Klein-Hamburg — als Anhängsel der Großstadt behandelt wird. Ein landwirtschaftliches Ministerium in Hamburg wäre wohl die geeignete Behörde zum Schutze gegen großstädtische Bürokratie.

Die Villenvororte an der Bille stehen zumeist auf festen eigenen Füßen. Mit der alleinigen Ausnahne besserer Bahnverbindung werden sie unter eigener Selbst-Verwaltung ihre Wünsche zumeist selbst erfüllen können.

Faßt man nun bei Schaffung von Groß-Hamburg die Wünsche des Ostens systematisch in einem Programm zusammen, so wäre zu fordern:

1. Eine planmäßige Randbebauung der Großstadt mit Wechsel von Industrie- und Wohngebiet, zwischengelegten Schutzgehölzen und sofortigem Straßen- und Straßenbahnanschluß.
2. Große Ringverkehrsanlage von Harburg nach Wandsbek mit Brücke über Norder- und Dove-Elbe, Umsteige- und Schnellzugshaltestelle in Moorfleth und Ausbau des Verschiebebahnhofes Billbrook.
3. Zwangsgrenze für die Großstadt Hamburg.
4. Landwirtschaftliches Gürtelgebiet von ca. 7 km Breite, kreisförmig um Hamburg mit Aufteilung in Schrebergärten und kleine Gemüsegärtnereien.
5. Kleinbahnverbindung Billbrook-Bergedorf und Fernstraße Tiefstack-Bergedorf mit Schnellstraßenbahn.
6. Schaffung eines „Nebenmittelpunktes Bergedorf“.

7. Einführung des elektrischen Vorortverkehrs Hamburg-Aumühle mit Eilzugsverbindung Hamburg-Bergedorf. Viergleisiger Ausbau bis Aumühle, sechsgleisiger vom Billbrook nach Bergedorf, mit Hochlegung der Bahn, Neubau des Bergedorfer Bahnhofes und einer Zwischenhaltestelle Bergedorf-Stadtpark.
8. Schnellstraßenbahn von Bergedorf-Hauptbahnhof nach Wentorf-Kröppelshagen.
9. Verdoppelung der Hauptstraße Sande bis Wentorf durch Bergedorf hindurch. Herstellung eines Promenadenweges entlang der Bille und Aue von Bergedorf bis Friedrichsruh.
10. Ausbau von Geesthacht zum Industrieort mit Be- und Entwässerungsanlagen.
11. Schaffung einer dezentralisierten Verwaltung und eines besonderen Ministeriums für die landwirtschaftlichen Gegenden.
12. Öffentliche Behandlung aller Verkehrs- und Stadterweiterungsprojekte.

Wenn Hamburg den ernsthaften Willen zeigt und die Energie hat, ein solches Programm schnell und sicher durchzuführen, wird es keiner besonderen Werbung bedürfen, um die preußischen Gemeinden bereitwillig zum Anschluß an die alte Handelsstadt zu bewegen.

Aber mehr noch vonnöten ist es, daß man sich von dem Glauben freimacht, es sei eine von Gott gewollte Entwicklung, daß das Häusermeer und die Mietskasernen Hamburgs von Jahr zu Jahr wachsen müssen. Nur der gründliche Bruch mit dieser Weise und die Schaffung weitmaschiger Eigensiedlungen im elastischen Netz der neuartigen Großstadt wird die sozialen Unterschiede vermindern.

Die Ausnutzung des Augenblicks, die rasche Tat wird entscheiden, ob der jetzt erlebte Zusammenbruch eines Systems die Großstädter zu einer glücklicheren Zukunft hochführt, oder ob man — nichts gelernt und nichts vergessen hat.

Zur Frage der Verwaltung Groß-Hamburgs.

Skizze von

Dr. rer. polit. Dr. jur. P. F. Walli - Bergedorf.

I.

Hamburg fühlt sich schon seit Jahren durch seine historischen Grenzen in der Entwickelung stark gehindert; es fordert neue Grenzen, die alles für die Lösung der zukünftigen Aufgaben der Schiffahrt, der Industrie und des Siedlungswesens erforderliche Gelände umfassen. Nach den bekannten Projekten wird für den Staat Hamburg ein Gebiet von rund 1800 qkm mit rund 1½ Millionen Einwohnern verlangt. Die Verwaltung dieses Staates kann keinesfalls so organisiert werden, wie die der Staaten, die nicht Stadtstaaten sind. Denn auch trotz der Ausdehnung des bisherigen hamburgischen Staatsgebiets auf das vier- bis fünffache seines bisherigen Umfangs wird Hamburg ein Stadtstaat bleiben, dessen Kern der Stadtkomplex Hamburg-Altona-Wandsbek mit rund 1 200 000 Einwohnern auf 155 qkm Fläche bildet. Das Gelände außerhalb dieses Komplexes ist im Grunde genommen nichts weiter als Stadterweiterungsgebiet, das für den Hafen, die Industrie und die Bevölkerung benötigt wird.

Es ist wohl selbstverständlich, daß Altona und Wandsbek nicht nur in den hamburgischen Staat aufgenommen werden, sondern auch in die Stadtgemeinde Hamburg eingemeindet werden. Die Verwaltung der Außenbezirke dieses Komplexes wird aber ohne örtliche Verwaltungsstellen, wie ich sie auf Grund meiner Erfahrungen in der Verwaltung zweier preußischer Großstädte und auf Grund des mir von den ausgedehntesten Großstädten Preußens zugegangenen Materials am 1. Mai 1918 in der Bürgerschaft unter einhelliger Zustimmung dieser Bürgerschaft verlangt habe, nicht durchgeführt werden können. Für diesen Stadtkomplex, in dem ⁴/₅ der Staatsbevölkerung wohnen, aber eine besondere kommunale Verwaltung zu schaffen und über ihr eine Staatsverwaltung, die wiederum diese $^{4}/_{5}$ und auch noch das letzte Fünftel der Bevölkerung betreut, aufzubauen, bedeutete eine außerordentlich kostspielige und schwerfällige Häufung von Behörden. Wenn man aber eine derartige Regelung nicht für empfehlenswert hält, sondern der Meinung ist, daß die kommunalen Angelegenheiten des Stadtkomplexes und die staatlichen Aufgaben, soweit sie sich auf diesen Stadtkomplex beziehen, von denselben Behörden bearbeitet werden sollen, so erhebt sich die Frage, wie die kommunalen Angelegenheiten der außerhalb dieses Stadtkomplexes im Stadterweiterungsgebiet liegenden Orte mit einem Gebiet von 1646 qkm mit 300 000 Einwohnern verwaltet werden sollen, also des Gebiets, das etwa $^{9}/_{10}$ des gesamten Staatsgebiets umfaßt. Es ist dies das Gebiet mit den Städten Harburg (67 000 Einwohner), Bergedorf (16 000 Einwohner), der Landgemeinde Wilhelmsburg (23 000 Einwohner) und zahlreichen kleineren Landgemeinden. Es ist dies eine Frage, die die Bewohner der in den Staat Hamburg einzuverleibenden preußischen Gebietsteile stark bewegt.

Die Gemeinden, deren Gebiete in absehbarer Zeit nicht oder nicht in erheblichem Maße *von den Stadterweiterungsplänen* Hamburgs (Hafen-, Kanal-, Bahn-, Straßen-, Sielpläne) *berührt* werden, müßten ihre Selbständigkeit behalten: das Aufsichtsrecht des Staates über die Selbstverwaltung müßte entsprechend den in dem Vorentwurf zur Reichsverfassung ausgesprochenen Grundsätzen auf die Gesetzmäßigkeit und Lauterkeit der Verwaltung und auf die Grundlagen der Finanzgebarung beschränkt werden. Vielleicht wäre auch noch Raum für höhere Kommunalverbände (Kreise) nach preußischem oder bremischen Muster in modernisierter Form. Die oberste Staatsaufsicht könnte von einer an die später zu erwähnende „Landbehörde“ angeschlossenen Stelle ausgeübt werden.

Was soll aber mit den *Gemeinden geschehen, deren Gebiet durch die hamburgischen Stadterweiterungspläne schon jetzt oder in sehr naher Zukunft stark in Anspruch genommen wird?*

Daß diejenigen Gemeinden, die unmittelbar an den Stadtkomplex anschließen oder so mit ihm verbunden sind, daß eine Sonderexistenz für sie von vornherein ausgeschlossen ist, eingemeindet und an das Netz der örtlichen Verwaltungsstellen angeschlossen werden müssen, bedarf keiner weiteren Ausführungen. Aber wie soll es mit den andern, sehr viel zahlreicheren Gemeinden werden, bei denen dies nicht ohne weiteres selbstverständlich ist? Es ist dies ein Gebiet, dessen Umfang den des Stadtkerns vielleicht erheblich übertrifft. Zur Beantwortung dieser Frage muß zunächst kurz klargestellt werden, wie bisher sich *die Verwaltung der außerhalb des Stadtkomplexes belegenen Ortschaften vollzog.*

Die preußischen Gemeinden waren in ihrer Verwaltung von den hamburgischen Behörden selbstverständlich rechtlich gänzlich unabhängig und konnten die Bahnen für ihre Verwaltung selbst bestimmen. Natürlich mußten aber ihre Überlegungen durch die Nachbarschaft — sei es mittelbare oder unmittelbare Nachbarschaft — der Millionenstadt und die Tatsache, daß sie in deren Wirtschaftsgebiet und Stadterweiterungsgebiet liegen, stark beeinflußt sein. Eine derartige Nachbarschaft zweier einander selbständig gegenüber stehender Gemeinwesen zieht vielerlei Folgen nach sich, z. B. kann der eine Ort vernünftigerweise nicht eine Villenkolonie auf dem Teil seines Gebiets anlegen wollen, an den das Industriegebiet des Nachbars anstößt. Es ist durchaus nicht immer gesagt, daß der größere Ort der ist, der das Nebeneinander am besten aushalten kann. Es kommt häufig genug vor, daß gerade der größere Ort wegen seines größeren Entwickelungsdranges sich durch die in der Nähe liegende kleine selbständige Gemeinde, deren Gebiet er für seine Interessen nicht in Anspruch nehmen kann, mehr beengt fühlt wie umgekehrt. So liegt es z. B. auch, wenigstens teilweise, bei Hamburg. Hamburg braucht für seine Straßen-, Kanal- und Eisenbahnpläne Gebiet solcher Nachbarorte, deren Interessen ihrerseits keineswegs nach Hamburg übergreifen. Hamburg mußte in diesem Falle auf dem Vertragswege mit derartigen preußischen Ortschaften ins Reine kommen. Bei den hamburgischen Landgemeinden waren die Verhältnisse vollkommen andere. Nach dem bisherigen Rechtszustand konnte Hamburg seinen Landgemeinden jede selbständige Entwickelung unterbinden, wenn diese gegenwärtig oder in naher oder ferner Zukunft mit den Stadterweiterungsplänen Hamburgs kollidieren könnte, und Hamburg hat bekanntlich von dieser Möglichkeit, z. B. Bergedorf gegenüber, weitestgehenden Gebrauch gemacht. Es wurde sogar schon die Behauptung aufgestellt, daß die hamburgischen Behörden in ihrer Eigenschaft als Staatsbehörden ohne weiteres das ganze Staatsgebiet in den Bereich ihrer Arbeiten hineinziehen könnten, und es bedeutet dies, da die Schiffahrts-, Industrie- und Siedelungspläne Hamburgs sich auf große Teile des Landgebiets erstrecken und erstrecken müssen, daß die Selbständigkeit der hamburgischen Landgemeinden bisher vollkommen illusorisch war. Seit dreißig Jahren wurde in der hamburgischen Bürgerschaft über die Zustände auf dem Landgebiet, insbesondere über die Steuerüberlastung der Landgemeinden von Vertretern aller Parteien geklagt, ohne daß eine durchgreifende Abstellung der schreienden Mißstände erfolgt wäre. Es wird damit nichts Neues gesagt; aber diese längst bekannten Tatsachen drängen den Bewohnern der anzugliedernden, im hamburgischen Stadterweiterungsgebiet gelegenen, preußischen Gemeinden gerade jetzt sehr lebhaft die Frage auf: „Wird es uns in Zukunft, wenn wir hamburgisch sind, ebenso gehen wie bisher den hamburgischen Landgemeinden?"

II.

Der Geist unserer Zeit verlangt eine Ausdehnung des Selbstverwaltungsrechts der Gemeinden und der Gedanke, das bisher relativ freie Selbstverwaltungsrecht der preußischen Gemeinden auf das seit Jahrzehnten als lächerlich rückständig zu bezeichnende Niveau des hamburgischen Scheinselbstverwaltungsrechts, wie es bis zur hamburgischen Notverfassung bestand, zurückzuschrauben, ist absurd. Das Aufsichtsrecht des Staates über die Gemeinden wird sich in Zukunft nur, wie in dem erwähnten Vorentwurf zur Reichsverfassung festgelegt ist, auf Gesetzmäßigkeit und Lauterkeit der Verwaltung und die Grundlagen der Finanzgebarung erstrecken können. Wird aber, könnte man fragen, durch Belassung solcher Selbstverwaltungskörper mit weitestgehender Selbstverwaltung der Zweck der Schaffung eines Groß-Hamburg, nämlich die für Hafen-, Industrie- und Wohnzwecke notwendigen Gebiete einer einheitlichen Verwaltung zu unterstellen, nicht zu einem großen Teile illusorisch? Kann bei den Stadterweiterungsfragen denn dann großzügig und unbehindert genug disponiert werden, wenn immer wieder mit den benachbarten selbständigen Gemeinden verhandelt werden muß und man auf den guten Willen und die Einsicht angewiesen ist und Rücksicht auf deren Lokalinteressen zu nehmen hat, obwohl diese häufig genug den Großstadtinteressen aufs Schärfste widersprechen werden? Diese Befürchtungen sind durchaus berechtigt. Für jeden, der die Frankfurter, Cölner, Düsseldorfer, Essener, Magdeburger etc. Stadterweiterungsfragen und ihre Lösung kennt, — und man möchte wünschen, daß alle die, die als Beamte, Parlamentarier oder sonstwie in der Frage Groß-Hamburg mitreden, sich mehr wie bisher damit beschäftigen, — gibt es, wie es dort geschehen ist, so auch hier nur den einen Weg, nämlich alle Gemeinden, denen im Interesse der Stadterweiterung Hamburgs nicht Freiheit der eigenen Entwickelung gewährt werden kann, einzugemeinden. Dieser Weg wurde nicht nur für unmittelbar mit der Großstadt zusammenhängende Gemeinden eingeschlagen, wie schon ein Blick auf die Stadtpläne der genannten Städte zeigen würde, sondern auch für viele Kilometer weit entfernt liegende Landstädtchen, die durch einen rein landwirtschaftlich genutzten Landstrich von der Großstadt noch getrennt sind, da die Hafen-, Kanal-, Straßen-, Bahn- und Siedelungspläne bis da hinausreichten und man sich ihre spätere Verwirklichung durch die Nachbargemeinden und deren Bebauungspläne nicht stören lassen konnte. Aus den Notwendigkeiten der Stadterweiterungen heraus hat man ländliche Gebiete in solchem Umfange eingemeindet, daß seitens der Konservativen im preußischen Abgeordnetenhaus verschiedentlich Schwierigkeiten gemacht wurden. Ein Vergleich der unbebauten Fläche der Stadtbezirke mehrerer Städte gibt da interessante Einblicke; vom Stadtbezirk Hamburg in der heutigen Gestalt (12 320 ha) waren unbebaut 47,5%, von Düsseldorf (11 154 ha mit 359 000 Einwohnern) 59,9%, von Magdeburg (10 805 ha mit 280 000 Einwohnern) 72%, von Mülheim a. d. Ruhr (7 021,6 ha mit 115 000 Einwohnern) 74,7%, von Frankfurt a. Main (13 477 ha mit 415 000 Einwohnern) 75,6%. Vor der letzten Eingemeindung umfaßte Cöln (1910) 11 735 ha mit 516 000 Einwohnern, unbebaut waren 61,6%; durch die Eingemeindung von Mülheim am Rhein (53 000 Einwohner) etc vergrößerte sich sein Gebiet auf 19 500 ha mit 615 000 Einwohnern. Vor der Eingemeindung kamen auf 1 ha 44, nach der Eingemeindung 31 Personen. In Hamburg entfallen aber auf 1 ha 82 Menschen, in Frankfurt 31, in Düsseldorf 32, in Mülheim a. d. Ruhr 16, in Magdeburg 26. Essen umfaßte vor der letzten Eingemeindung 3 875 ha und 300 000 Einwohner, also 77 Personen auf 1 ha; nach der Eingemeindung 9 300 ha mit 410 000 Einwohnern, also 44 auf 1 ha. Unter unbebautem Gebiet versteht man alles Gebiet außer dem durch Häuser, Hofräume und Gärten, sowie dem durch Wege, Bahnen, Parks, Friedhöfe in Anspruch genommenen Grund und Boden und außer der Wasserfläche, die z. B. in Hamburg besonders groß ist. Man wird sich auch in Hamburg an den Gedanken gewöhnen müssen, daß der bauliche Zusammenhang zweier Gemeinden nicht unbedingte Voraussetzung ist für die Vereinigung dieser, sondern daß die Notwendigkeit einer weitsichtigen Stadterweiterungspolitik auch vorläufig noch rein landwirtschaftlich genutzte Gegenden in ihre Projektierungen zieht und verhindern muß, daß diesen Projektierungen durch Nachbargemeinden mit eigenen Interessen ein Strich durch die Rechnung gemacht wird.

Kann denn dies nicht anders als durch Eingemeindung, vielleicht durch einen Zweckverband der benachbarten Gemeinden verhindert werden?

Ein Zweckverband ist dazu da, um einzelne gemeinsame Interessen mehrerer Gemeinden wahrzunehmen (z. B. gemeinsames Krankenhaus, Elektrizitäts-, Gas- und Wasserwerk etc.). Will man widerstreitende Interessen durch einen Zweckverband lösen lassen, so ist das ein Widerspruch in sich selbst und man erlebt dasselbe Fiasko wie beim Zweckverband Groß-Berlin, wo man durch einen Zwangszwecksverband eine gemeinsame Städtebaupolitik erzielen wollte, obwohl gerade hierin die Nebenbuhlerschaft von Nachbarorten am stärksten zum Ausdruck kommt. dieses Gebiet besonders auch wegen seiner Einwirkung auf die städtischen Finanzen das wichtigste Gebiet der Selbstverwaltung ist und auf diesem Gebiet sowohl Kompromisse wie Vergewaltigungen durch Mehrheitsbeschluß die Sache selbst häufig schädigen müssen. Da Hamburg-Stadt mit seinen $^4/_5$ der künftigen Bevölkerung des Staates Hamburg unbedingt das Übergewicht über sämtliche mit ihm durch einen Zweckverband verbundenen Gemeinden beanspruchen müßte, wäre der Zweckverband nur eine Maskierung für die diktatorische Herrschaft der hamburgischen Interessen. Auf diese Idee des Zweckverbandes würden sich also die Nachbarorte nicht einlassen können.

III.

Es könnte die Frage aufgeworfen werden, ob denn bei aller Anerkennung der Erwünschtheit einer idealen Ausgestaltung der Freiheit der Selbstverwaltung es wirklich ein so großes Unglück wäre, wenn bei unsern besonderen Verhältnissen, z. B. auf städtebaulichem Gebiet, wo ja die meisten Interessenkollisionen zu befürchten sind, die Selbständigkeit der Gemeinden ausgeschaltet und diese Fragen den staatlichen Behörden übertragen würden.

Ganz abgesehen von Gründen ideeller Natur sprechen recht materielle Gründe gegen eine solche Einschränkung der Selbstverwaltung der Gemeinden, denn diese Einschränkung auf städtebaulichem Gebiet zieht weittragende Folgen für die Finanzwirtschaft der Gemeinden nach sich. Wird z. B. einer Vorstadt im Interesse der selbstverständlich in erster Linie zu berücksichtigenden Interessen der Großstadt vom Staate untersagt, einen Teil des Gemeindegebiets als Villengebiet zu entwickeln, da nach den Stadterweiterungsplänen der Großstadt dieses Gebiet für Wohnzwecke der Arbeiterschaft reserviert werden soll, bleibt dem Vorort nichts anderes übrig, als entweder auf die Entwickelung dieses Gebietsteiles ganz zu verzichten, d. h. auch auf die Heranziehung guter Steuerzahler, die zur Balancierung des Haushaltsplanes dringend benötigt werden, oder aber diesen Ortsteil nach den Wünschen der Großstadt mit Arbeitern zu besiedeln, d. h. einer Bevölkerung, die nicht nur keine Einnahmen, sondern starke Belastung mit Ausgaben für Schulen, Armenwesen und Polizei bringt; es tritt also nicht nur nicht die gewünschte Stärkung der Einnahmen, sondern eine Erhöhung der Ausgaben, d. h. eine Schwächung der gesamten Gemeindefinanzen, ein, so daß die Gemeinde auch auf andern Gebieten, z. B. dem sozialen Gebiet, weniger leistungsfähig wird. Dem Vorort würde z. B. auch vom Staat dann die Erschließung seines Gemeindebezirks oder eines Teiles desselben durch Errichtung der Straßen- und Sielanlagen verboten werden können, weil dieses Gebiet für Kanal- und Bahnzwecke der Großstadt in Aussicht genommen ist, ohne daß aber ein bestimmtes Projekt vorliegt, so daß die Entwickelung ganzer Zonen unterbleiben muß. Welche unheilvollen Folgen dies für die Steuerkraft des Vorortes haben muß, ist selbstverständlich; die Vorstadt Bergedorf, der seit Jahren die Erschließung des Industrie- und des Villengebiets im Interesse der hamburgischen Bahn- und Kanalpläne erschwert ist, so daß kein Zuzug von steuerkräftigen Industrieunternehmungen wie Einzelpersonen erfolgen konnte, hat dies erfahren müssen, ihre Leistungsfähigkeit ist auf allen Gebieten verkümmert, und die Steuerschraube muß sehr stark angezogen werden. Wenn der Staat im Interesse der Einheitlichkeit des Hafenbaues und der Hafenverwaltung auf diesem Gebiet in die Selbstverwaltung einer Vorstadt eingreifen würde, die bisher ihren Hafen nach ihrem eigenen Bedürfnis gebaut und verwaltet hat, würde das ebenfalls auf die Finanzwirtschaft dieser Vorstadt aufs Schwerste einwirken können, und die Steuerzahler würden die Folgen dieser staatlichen Eingriffe zu tragen haben. Derartige Fälle der Interessenkollission zwischen Großstadt und Vorstadt sind ungemein häufig und liegen in der Natur der Dinge begründet. Die Gemeinden sind finanziell selbstwirtschaftende Körperschaften, und Eingriffe in die Selbstverwaltung von außen haben weittragende finanzielle Folgen, genau so, wie wenn von außen etwa in die Verwaltung irgend einer Privatgesellschaft eingegriffen wird; die Folgen dieser Eingriffe haben die Steuerzahler durch erhöhte Steuern zu tragen, wohingegen die Gemeinde wegen ihrer durch die Eingriffe geschwächten Finanzkraft oft kaum genügende gemeinnützige Einrichtungen bieten kann. Eine Gemeinde, die durch starkes staatliches Eingriffsrecht in ihrem Tun und Lassen unselbständig gemacht ist, eine finanzielle Sonderexistenz führen lassen zu wollen, ist ein Widerspruch in sich selbst, der sich für die Bewohnerschaft bitter rächt. Gerade das städtebauliche Gebiet läßt sich am allerwenigsten aus der Selbstverwaltung ausschalten. Man muß sich darüber klar sein, daß, wenn im großstädtischen Interesse einer Gemeinde das freie Verfügungsrecht in ihren Angelegenheiten nicht gewahrt werden kann, auch kein Raum für eine finanzielle Sonderexistenz und damit kein Raum mehr für das Fortbestehen der Gemeinde als selbständiges Gebilde überhaupt gegeben ist. Um also die Schädigung der Bevölkerung zu verhüten, gibt es daher im allgemeinen nur einen Weg, nämlich die Eingemeindung. Hierdurch hört die Rechtspersönlichkeit und damit die finanzielle Sonderexistenz der Gemeinde, aber auch die Sonderbelastung der Bewohner auf; sie geht durch die Eingemeindung in die Großstadt in jeder Beziehung in diese auf. Unter ganz bestimmten Voraussetzungen wäre allerdings aber auch denkbar, daß man nach Vereinbarung dem Vorort die durch die staatlichen Eingriffe entstehenden Schäden wie Einnahmeausfälle, die durch Bebauungsverbote und dergl. entstehen, vergütet. Dieser Weg kann da gangbar sein, wo die Interessen des Ganzen eine staatliche Einwirkung nur auf einen gewissen Teil, z. B. den Hafen und das Hafengebiet der Vorstadt erfordern. Eine derartige Regelung bietet große Schwierigkeiten und kann nur mit ganz genauer Kenntnis der jeweiligen örtlichen Verhältnisse vorgenommen werden; eine schematische Regelung wird nie das Richtige treffen. In diesen Fällen würden wir uns von dem deutschen Begriff der Selbstverwaltung entfernen und uns dem englischen Begriff, der bei weitem nicht so umfassend ist, nähern; wir müßten andererseits dafür uns auch mit dem System der aids and grants (der staatlichen Zuschüsse) befreunden.

IV.

Wenn also im allgemeinen nur die Eingemeindung übrig bleibt, erhebt sich die Frage, wie denn diese weiteren Außenbezirke, die aus kleineren Gemeinden und landwirtschaftlich genutztem Gelände bestehen, verwaltet werden sollen. Gewiß bietet die Verwaltung dieses Gebiets, also des Gebietsteils, der einen großen Teil des Staatsgebietes aber nur einen relativ kleinen Teil der Einwohnerschaft des Staats umfaßt und, wie oben ausgeführt, eingemeindet werden muß, da die großstädtischen Stadterweiterungspläne keinen Raum für selbstwirtschaftende Verwaltung lassen und eine Eingemeindung notwendig machen, besondere Schwierigkeiten. Die folgenden Ausführungen sollen nur eine Möglichkeit der Lösung dieses Problems andeuten, wie ich sie unter Berücksichtigung der mir bekannten Verwaltungsorganisation von Groß-London, Groß-Berlin, und der ausgedehnten rheinischen Großstädte für erwägenswert halte. Vielleicht können noch andere, bessere Wege gefunden werden.

Es würde sich m. E. empfehlen, dieses eingemeindete Gebiet zu Verwaltungszwecken in einige wenige Kreise zu zerlegen, die unter Berücksichtigung der wirtschaftlichen Gleichartigkeit und der örtlichen Zusammengehörigkeit der Gemeindegemarkungen zu bilden wären. Diese Kreise würden aber — im Gegensatz zu den preußischen Kreisen — keine selbstwirtschaftenden Verwaltungskörper mit finanzieller Sonderexistenz, mit eigenem Steuersysteme etc. sondern nur Verwaltungsbezirke der Stadtgemeinde Hamburg sein. Zur Verwaltung dieser ländlichen Stadtbezirke könnte man eine „Landbehörde" schaffen, ungefähr nach der Art der zur Verwaltung des nach Lübeck eingemeindeten Ortes Travemünde bestehenden Behörde Travemünde. Diese Landbehörde wäre ähnlich wie die hamburgische Oberschulbehörde in Sektionen zu teilen, jede Sektion (Kreisrat) hätte einen Kreis zu verwalten, ihre Mitglieder wären teils durch die Bürgerschaft, teils von der Bevölkerung der Kreise — ähnlich wie in Schleswig-Holstein die Magistratsmitglieder — zu wählen und wären teils beruflich, teils ehrenamtlich tätig. Als weiteres Organ der Verwaltung — ähnlich wie die Stadtverordnetenversammlung — wäre eine Landverordnetenversammlung für jeden Kreis zu schaffen; diese Landverordneten wären nach den jetzt üblichen Grundsätzen zu wählen; jede Ortschaft hätte entsprechend ihrer Einwohnerzahl Verordnete zu entsenden. Kreisrat und Landverordnetenversammlung bilden eine Körperschaft und haben über die ihnen übertragenen Angelegenheiten in gemeinsamer Sitzung zu beschließen. Sie sind zuständig für die Verwaltung aller örtlichen Angelegenheiten, soweit sie nicht ausdrücklich den staatlichen Organen übertragen sind. Aber die Beschlüsse müssen im Allgemeininteresse der jederzeitigen Kontrolle seitens des Staates unterliegen. Der Kreisrat ist verpflichtet, jeden Beschluß dieser Körperschaft vorläufig zu beanstanden, dessen Ausführung mit den städtischen Interessen kollidieren könnte, und ihn vor Ausführung der zuständigen städtischen Behörde einzureichen. Kommt zwischen dieser und der Landbehörde bezw. dem Kreisrat eine Einigung nicht zustande, entscheidet die Regierung. Alle Beschlüsse über städtebauliche Angelegenheiten (Straßen,- Siel-, Bahn-, Kanalfragen, Versorgung mit Gas, Elektrizität, Wasser) müssen der Regierung zur Genehmigung vorgelegt werden. Die Regierung ist befugt, auch allen andern Beschlüssen gegenüber ihr Veto einzulegen und auch durch Eingriffe in die Exekutive (z. B. bei der Baupolizei) eine den Allgemeininteressen entsprechende Handhabung zu erzwingen. Die Kreisverwaltung hätte also insoweit ungefähr ebensoviel (ebensowenig) Selbständigkeit wie bisher die einzelnen hamburgischen Gemeinden. Aber die neuen Kreise wären nicht, wie diese es sind, selbstwirtschaftende Körperschaften, sondern nur ihren Verhältnissen entsprechend besonders verwaltete Stadtbezirke; die Kreiseinwohner haben daher auch nicht — wie es bei den jetzigen Landgemeinden der Fall ist die staatlichen Eingriffe in ihre Kreisverwaltung als Steuerzahler zu büßen, sondern es dürften selbstredend in der ganzen Stadt (einschließlich ländlicher Stadtbezirke) nur einheitliche Steuern in derselben Höhe erhoben werden. Damit die Kreisverwaltungen arbeiten können, wären ihnen etwa 3/4 der im Kreis aufgebrachten Steuereinnahmen zu überweisen. Ausgaben ordentlicher und außerordentlicher Art — die darüber hinausgehen, wären, nachdem die betr. Beschlüsse von der Regierung als nicht den Allgemeininteressen zuwiderlaufend gebilligt sind, von der Landbehörde bei der Bürgerschaft einzuwerben und die bewilligten Summen den Kreisverwaltungen zu überweisen. Die staatlichen Behörden müßten befugt sein, jederzeit staatliche Unternehmungen im allgemeinen Interesse auch im eingemeindeten Landgebiet in Angriff zu nehmen, aber die Bearbeitung und Ausführung der Projekte hätte im Einvernehmen mit der Landbehörde und der Kreisverwaltung zu erfolgen. Bei Meinungsverschiedenheiten hätte die Regierung zu entscheiden. Die Mitglieder der Landbehörde und insbesondere deren Leiter und die Leiter der Sektionen sind verpflichtet, auf eine Einheitlichkeit der Verwaltung des eingemeindeten Landgebiets und für stets engste Fühlungnahme mit den rein städtischen Behörden zu sorgen. Bei Besetzung der ersten Beamtenstelle des Kreisrats durch tüchtige, arbeitsfreudige Berufsverwaltungsbeamte würde für die Verwaltung dieser ländlichen Stadtbezirke ungleich mehr geleistet als die ehrenamtlich tätigen Herren trotz besten Willens und dankenswerter Hingabe häufig erreichen könnten. Die einzelnen Gemeinden selbst sind vielfach zu klein und zu wenig finanzkräftig, um tüchtige, gutbezahlte Verwaltungsbeamte anstellen zu können. Für diese ersten Beamtenstellen der Kreise kämen aber nicht nur höhere Beamte sondern auch besonders befähigte mittlere Beamte in Betracht, wie sich diese Kategorie Beamte auch in leitender Stellung in der preußischen Kommunalverwaltung in vielen Fällen durchaus gut bewährt hat.

Durch eine derartige Organisation würde das kommunale Interesse der Bevölkerung stets lebendig bleiben und könnte sich betätigen; Initiative zur Schaffung neuer gemeinnütziger Einrichtungen würde aus dem Kreise der Ortsansässigen stets aufs neue geweckt, und eine Vernachlässigung dieser ländlichen Stadtbezirke, die bei zentralistischer Verwaltung

— wie man es an dem warnenden Beispiel mancher weit ausgedehnter Städte sieht — eintreten muß, da die Zentralbehörden den lokalen Interessen zu fern stehen, wird vermieden. Andererseits aber würde durch die grundsätzliche Unterordnung der lokalen Interessen unter die allgemeinen Interessen das allgemeine Interesse bewahrt, ohne daß die dadurch notwendig bedingte Zurücksetzung der lokalen Interessen auf Kosten der örtlichen Steuerzahler ginge, wie es bei den finanziell selbstwirtschaftenden Verwaltungskörpern unvermeidlich ist. Dies ist auch in der bis zu einem gewissen Grade vergleichbaren Verwaltung Groß-Londons, wie ich mich persönlich durch häufige längere Arbeit an Ort und Stelle überzeugte, erreicht, dessen allgemeine Aufgaben durch die Grafschaftsbehörden und dessen lokale Aufgaben durch die Behörden der die Grafschaft bildenden, beschränkte Selbständigkeit besitzenden 29 Städte erledigt werden.

Ich verhehle mir nicht die Schwierigkeiten, die einer klaren Abgrenzung der Zuständigkeiten zwischen der Zentralbehörde und den Behörden der ländlichen Stadtbezirke entgegenstehen. Viele Schwierigkeiten werden nicht von vornherein vorausgesehen und ihnen wird eshalb auch nicht im einzelnen durch gesetzliche Bestimmung vorgebeugt werden können; sie werden sich aus der Verwaltungspraxis ergeben und deshalb am praktischsten auch von Fall zu Fall durch Verordnung der obersten Verwaltungsbehörde, der Regierung, geregelt werden. Die Verteilung der Kompetenzen starr festzulegen ist schon darum nicht empfehlenswert, da diese sich nach der jeweiligen wirtschaftlichen Entwickelung und der Intensität des Einflusses der Stadterweiterungspläne des Stadtkerns auf den einzelnen Kreis jeweils richten müssen; je nachdem wird man auch dem einen Kreis mehr, dem andern weniger Bewegungsfreiheit lassen können. Nur ein ganz eingehendes Studium der fraglichen Gebiete, ihrer wirtschaftlichen Verhältnisse und genaueste Kenntnisse der hamburgischen Stadterweiterungs- insbesondere Verkehrsprojekte ermöglichen nähere Vorschläge. Bei diesen wird zu beachten sein, daß sie auch bei sorgsamster Bearbeitung nicht als Unverrückbares festgelegt werden dürfen, sondern daß die Verwaltung sich der Entwickelung anzupassen hat. Gerade die Entwickelung der Verwaltung Groß-Londons bietet uns für Groß-Hamburg manches Wissenswerte; auch die Verwaltung Groß-Londons wurde nicht an einem Tage gebaut. Auch die Frage der Zuständigkeiten der Grafschaftsbehörden einerseits und der einzelnen Stadtbehörden in der Grafschaft London andererseits wurde erst im Laufe der Entwickelung gelöst. Wir können in mancher Beziehung daraus lernen, wie man es machen soll, und umgekehrt.

Bei unserer deutschen Gründlichkeit ist zu erwarten, daß wir systematischer verfahren, als es in der englischen Arbeitsmethode liegt, und darum auch sparsamer, was besonders jetzt von größter Wichtigkeit ist. Andererseits sei wiederholt vor dem uns nahe liegenden Fehler starrer Festlegung gewarnt, nur ein stetiger gesunder Fortschritt in der Verwaltung wird den Bedürfnissen der Bevölkerung genügen können.

Auch die Beantwortung der Frage, wie weit innerhalb des „Kreises" noch Raum ist für eigene Betätigung der einzelnen Gemeinden, muß sich den jeweiligen örtlichen Verhältnissen anpassen. In den einzelnen Gemeinden wären wieder örtliche Verwaltungsstellen für die Exekutive zu gründen, die teilweise ehrenamtlich, stets aber unter Mitwirkung von Laien nach Art der rheinischen Bezirksvorsteher verwaltet werden könnten; man könnte größeren örtlichen Verwaltungsstellen auch gewisse eigene Bewegungsfreiheit in manchen Angelegenheiten geben; insbesondere als Informationsorgan für die Kreisverwaltung könnten sie von großem Wert sein. Die Regelung dieser Verhältnisse würde im einzelnen am besten den Kreisverwaltungen überlassen, da diese diesen Dingen am nächsten stehen. Bezüglich des Verhältnisses des Kreises zu den Einzelgemeinden könnte man an die z. B. in Preußen und Baden vorkommenden Samtgemeinden und die diese bildenden Einzelgemeinden denken.

Einer Festlegung all dieser Verwaltungsfragen in der neuen Verfassung möchte ich dringend widerraten. Einerseits brauchen wir die neue Verfassung bald, andererseits wird man die Verwaltungsfragen nur im Benehmen mit der anzugliedernden Bevölkerung, die bestimmte Forderungen stellen wird. in den allgemeinen Grundzügen lösen können, und die Verhandlungen hierüber werden sich nicht ganz einfach abwickeln, sich vielmehr längere Zeit hinziehen. Zudem aber gehören Verwaltungsfragen in ein Verwaltungsgesetz und nicht in die nur unter besonderer Erschwerung abänderbare Verfassung; dementsprechend ist auch in der Verfassung bezw. Gesetzgebung der anderen deutschen Staaten verfahren worden.

Möchte diese Skizze auch weitere Kreise zu intensiver Beschäftigung mit diesen Verwaltungsfragen anregen; vielleicht hängt von deren glücklichen Lösung die Geneigtheit der preußischen Nachbargebiete ab, sich Hamburg anzuschließen.